工程图学基础

李雪梅　主　编

邝　明　高　悦　副主编

清华大学出版社
北京交通大学出版社
·北京·

内 容 简 介

本书为适合电子类、通信类、管理类等专业的工程制图课程的教学用书。书中将三维形体的各种投影表达方法、工程制图及计算机绘图有机地结合起来。本书采用了最新的国家制图标准进行编写，计算计绘图部分介绍了 AutoCAD 2008 的使用方法。本书共包含十一章，主要内容有：制图基本知识、投影基本知识、平面立体、曲面及曲面立体、组合体、轴测投影、图样画法、透视投影、机械图、土木工程图、计算机辅助绘图等。

本书配套有《工程图学基础习题集》。

图书在版编目（CIP）数据

工程图学基础/李雪梅主编. —北京：清华大学出版社；北京交通大学出版社,2009.1
ISBN 978－7－81123－447－3

Ⅰ．工…　Ⅱ．李…　Ⅲ．工程制图－高等学校－教材　Ⅳ．TB23

中国版本图书馆 CIP 数据核字（2008）第 182206 号

责任编辑：韩　乐
出版发行：清华大学出版社　　邮编：100084　　电话：010－62776969　　http://www.tup.com.cn
　　　　　北京交通大学出版社　邮编：100044　　电话：010－51686414　　http://press.bjtu.edu.cn
印 刷 者：北京泽宇印刷有限公司
经　　销：全国新华书店
开　　本：185×260　　印张：12.75　　字数：318 千字
版　　次：2009 年 7 月第 1 版　　2009 年 7 月第 1 次印刷
书　　号：ISBN 978－7－81123－447－3/TB・12
印　　数：1～4 000 册　　定价：22.00 元

本书如有质量问题，请向北京交通大学出版社质监组反映。对您的意见和批评，我们表示欢迎和感谢。
投诉电话：010－51686043，51686008；传真：010－62225406；E-mail：press@bjtu.edu.cn。

序

本书是为了适应高等教育改革的需要，立足于加强素质教育、培养创新能力等新的教育观念，结合多年的教学实践及近年来工程制图课程改革的经验编写而成，并配有相应的习题集，适合电子类、通信类、管理类等非机非土类专业的工程制图课程使用。

本教材在编写时，针对读者群的特点，弱化了画法几何的理论部分，着重于图形表达能力、空间想像力和创新能力的培养，并增加了工程图中的内容。

本书的主要特点是：

（1）从立体入手，将直线、平面的投影特性融入立体的投影之中，将理论与实际的应用有机地结合起来，便于读者空间概念的建立及后续内容的学习。

（2）编入轴测图润饰和透视投影的基本知识，既完整地介绍了两种投影法，又加强了图形表达能力的培养，使读者能够了解掌握多种投影图的表达方法。

（3）考虑到读者的专业特点，减少机械图的内容和深度，编入土建工程图，以适应读者在学习、工作和生活中的需要。

（4）在计算机绘图部分，考虑了软件的特点与学习的规律，并结合了实践经验进行编写，没有逐一介绍各个命令的使用方法，而是重点总结同类命令的使用规律，以便读者能在较短的篇幅内对计算机绘图软件有概括的了解，掌握其内在规律，达到快速入门的目的。

本教材深入浅出、图文并茂，采用了最新国家标准。

本书配套出版有《工程图学基础习题集》，以便于教学中使用。

本书由北京交通大学李雪梅任主编，邝明、高悦任副主编，参加编写的有李雪梅（绪论、第2章、第3章、第8章、第10章、第11章）、邝明（第4章、第6章、第9章）、高悦（第1章、第5章、第7章）。

欢迎读者对本书的缺点和错误予以批评指正。

编者

2009 年 3 月

于北京交通大学

目　　录

绪　　论

一、本课程的研究对象及设置目的

工程制图是研究绘制工程图样的一门科学。工程图样被喻为"工程界的语言"。

各种工程的设计、生产过程中，都是通过工程图样来表达设计意图，并根据工程图样指导生产和进行技术交流的。

图形是表达物体形象的便利工具，也是表达形象思维结果的重要手段，而形象思维能力是创造性思维能力的重要基础，本课程的学习过程就是空间想象力和形象思维能力的培养过程。

理工课程较多地运用逻辑思维，而缺少形象思维的训练，而本课程既是理工科的一门技术基础课，又是普通高校的一门培养学生综合思维能力的课程。

二、本课程的主要学习任务

(1) 学习投影法的基本理论及其应用，重点在正投影法的学习。

(2) 培养空间想象能力及图示、图解的基本能力。

(3) 培养绘制和阅读正投影图的能力。

(4) 了解不同专业的工程图样的表达方法及主要图示内容。

(5) 培养运用计算机绘制图形的基本能力。

三、本课程的学习方法

本课程包括制图基础、投影法、工程图和计算机绘图四部分内容。制图基础主要是学习制图的基本规定、平面图形的绘制方法及相关的国家标准。投影法主要学习正投影图、轴测投影图及透视投影图的绘制原理和方法。工程图主要是学习机械图和土建图的表达和阅读方法。计算机绘图主要是学习计算机软件的应用。各部分之间既有各自的特点，又有紧密的联系。在学习时应注意以下问题。

(1) 明确空间关系，养成空间思维的习惯。

本课程解决的核心问题是三维实体和二维图形之间的相互转换，因此，在学习投影规律时，应从空间关系入手，理解空间过程，养成空间思维的习惯，而不能死背条文。开始可以借助模型或立体图加强对物体的感性认识，但要逐步减少对模型的依赖，直到靠自己的空间想象完成三维实体和二维图形之间的相互转换。

(2) 多做练习，积极实践。

本课程是一门实践性很强的课程，无论习题中的投影练习，还是手工绘图或计算机绘图，都必须经过反复练习，才能做到快速、准确地完成要求绘制的图形。

(3) 养成认真负责的工作态度和严谨细致的工作作风。

图面上一丝一毫的差错，都会给生产实践带来严重的后果，因此，要养成良好的习惯，从一条线、一个尺寸到图形的表达，都要严格按照制图标准中的规定绘制，绝不能随心所欲，自己想怎么画就怎么画。事实上，无论从事何种工作，都需要认真负责的工作态度和严谨细致的工作作风。

第 1 章　制图基本知识

工程图样被誉为工程界的语言，为了正确、快速地绘制和阅读工程图样，必须掌握工程图样相关标准和规范中的基本知识。《技术制图》国家标准是工程界重要的技术基础标准，是绘制和阅读工程图样的准则和依据。不同的专业根据各自的专业特点，制定有各自的专业制图标准，如机械图中同时使用《机械制图》国家标准，房屋建筑图中同时使用《房屋建筑制图》国家标准。本章主要介绍国家标准中《技术制图》的一般规定，尺规制图时常用的绘图工具和仪器及其使用方法，常见的几何作图、平面图形的绘制方法和步骤等。

1.1　制图的基本规定

为便于生产、管理和技术交流，工程图样的规格、内容、画法和尺寸标注等，必须遵循国家《技术制图》标准的规定。国家标准也简称"国标"，其代号为"GB"（"GB/T"为推荐性国标），"GB"或"GB/T"字母后的两组数字，分别表示标准顺序号和标准批准发布的年份，例如："GB/T 14689—1993 技术制图 图纸幅面和格式"，即表示制图标准：图纸幅面和格式部分，标准顺序号为 14689，批准发布的年份为 1993 年。本节主要介绍《技术制图》对图纸幅面及格式、比例、字体、图线和尺寸标注等基本规定，其他规定将在相关章节中介绍。

1.1.1　图纸幅面和格式（GB/T 14689—1993）

1. 图纸幅面尺寸

图纸的幅面是指图纸本身的大小。绘制技术图样时，应优先采用表 1-1 所规定的 5 种基本幅面。必要时，也允许按规定加长幅面，但加长量必须符合国家标准（GB/T 14689—1993）中的规定。

表 1-1　基本幅面类别和尺寸

代号 尺寸（mm）	A0	A1	A2	A3	A4
$B \times L$	841×1189	594×841	420×594	297×420	210×297
e	20			10	
c	10			5	
a	25				

2. 图框格式

图框是图纸上绘图范围的边线。绘制技术图样时，应用粗实线画出图框。图纸格式分为留装订边和不留装订边两种，但同一产品的图样只能采用一种格式。留装订边的图纸，其图框格式如图 1-1 所示。不留装订边的图纸，其图框格式如图 1-2 所示。a、c、e 的尺寸按表

1-1 的规定选取。每种格式又分为 X 型(横放)和 Y 型(竖放)两种，X 型图纸标题栏的长边与图纸的长边平行，如图 1-1(a) 所示；Y 型图纸标题栏的长边与图纸的长边垂直，如图 1-1(b) 所示。

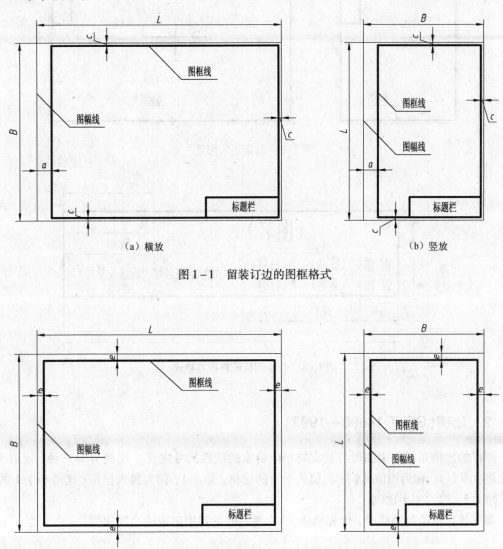

（a）横放　　　　　　　　　　　　　　　　（b）竖放

图 1-1　留装订边的图框格式

图 1-2　不留装订边的图框格式

3. 标题栏

标题栏的位置应该位于图纸的右下角，用于填写设计单位、工程名称、图名、图纸编号、比例、设计者和审核者等内容，如图 1-1、1-2 所示。对于预先印制的图纸可按图 1-3 所示位置使用，并应加注方向符号以明确表示看图方向。方向符号是用细实线绘制的高为 6 的等边三角形。

在本教材中采用图 1-4 作为学生制图作业使用的标题栏，其格式、尺寸及内容如图所示。其中图名为 10 号字，其他可采用 7 号或 5 号字。

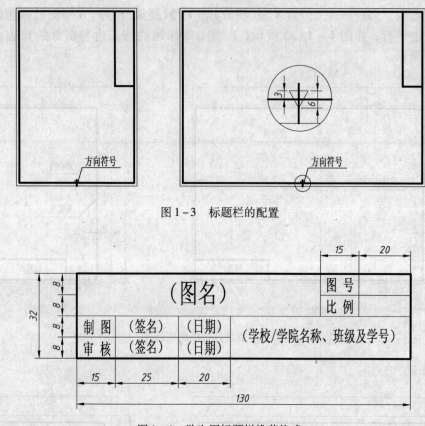

图 1-3　标题栏的配置

图 1-4　学生用标题栏推荐格式

1.1.2　比例(GB/T 14690—1993)

　　图样的比例是指图中图形与其实物相应要素的线性尺寸之比。比例分为三种：比值为 1 的比例，即 1:1，称为原值比例；比值大于 1 的比例，如 2:1，称为放大比例；比值小于 1 的比例，如 1:2，称为缩小比例。

　　需要按比例绘制图样时，优先从表 1-2 规定的系列中选取适当的比例。

表 1-2　常用比例

种　类	比　例		
原值比例	1:1		
放大比例	$5 \times 10^n : 1$	$2 \times 10^n : 1$	$1 \times 10^n : 1$
缩小比例	$1 : 2 \times 10^n$	$1 : 5 \times 10^n$	$1 : 1 \times 10^n$

注：n 为正整数

　　必要时，也允许选取表 1-3 中的比例。

表 1-3　可用比例

种　类	比　例				
放大比例	$4 \times 10^n:1$		$2.5 \times 10^n:1$		
缩小比例	$1:1.5 \times 10^n$	$1:2.5 \times 10^n$	$1:3 \times 10^n$	$1:4 \times 10^n$	$1:6 \times 10^n$

注: n 为正整数

1.1.3　字体 (GB/T 14691—1993)

　　图样中的字体应按照"国标"规定书写。书写字体必须做到: 字体工整、笔画清楚、间隔均匀、排列整齐。字体的号数用字体的高度表示, 字号分为 8 种, 其字体高度(单位毫米)分别为: 1.8、2.5、3.5、5、7、10、14、20。如需书写更大的字, 其字体高度应按$\sqrt{2}$的比值递增。

　　图样中的汉字应写成长仿宋体字, 并应采用国家正式颁布的简化字。汉字的高度不应小于 3.5 mm。其字宽与字高的关系应符合表 1-4 的规定。

表 1-4　长仿宋体规格

字高(mm)	20	14	10	7	5	3.5
字宽(mm)	14	10	7	5	3.5	2.5

　　汉字书写的要领是横平竖直、起落分明、笔锋满格, 上下左右笔锋要尽可能靠近字格, 但如日、口等框形字, 要比字格略小, 笔划布局要均匀紧凑。图 1-5 所示为长仿宋体字的字样。

字体工整　笔画清楚　间隔均匀　排列整齐

10号字

横平竖直　注意起落　结构均匀　填满方格

7号字

技术制图　机械　电子　汽车　航空　船舶　土木建筑　运输　港口　纺织服装

5号字

图 1-5　汉字

　　字母和数字的书写分为 A 型和 B 型。A 型字体的笔画宽度(d)为字高(h)的十四分之一, B 型字体的笔画宽度(d)为字高(h)的十分之一。两种字体均可写成直体和斜体, 斜体字字头向右倾斜与水平基准线成 75°。图 1-6 所示为阿拉伯数字和字母的部分示例, 其中图 1-6(a) 为 A 型直体字体, 图 1-6(b) 为 B 型斜体字体。

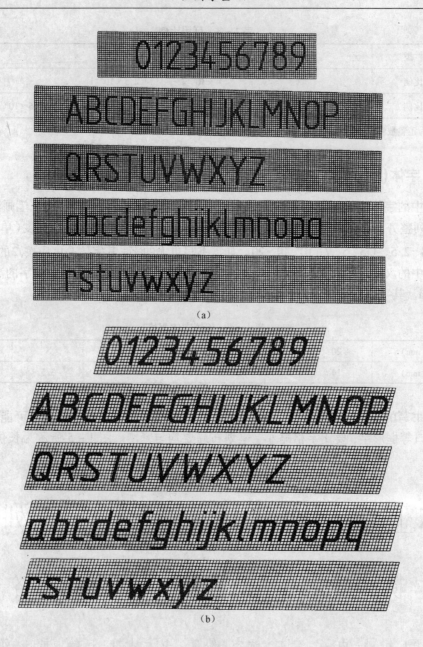

(a)

(b)

图 1-6 数字及拉丁字母

1.1.4 图线(GB/T 17450—1998、GB/T 4457.4—2002)

图线的形状可以是直线或曲线,连续线或不连续线。图线的线型有实线、虚线、点画线、折断线、波浪线等,图线又有粗、细之分。各类图线的线型、线宽及用途如表 1-5 所示。

机械制图中规定图线宽度分为粗线和细线,其宽度比率为2:1,而土木工程图样图线宽度分为粗、中、细三种,粗线、中粗线和细线的宽度比率为4:2:1。所有线型的线宽应根据图样的复杂程度和比例的大小从以下宽度系列中选择:即 0.13 mm, 0.18 mm, 0.25 mm,

0.35 mm，0.5 mm，0.7 mm，1 mm，1.4 mm，2 mm。在同一图样中，同类图线的宽度应一致。

表1-5 图线

图线名称	图线线型	一般用途
粗实线		可见轮廓线
细实线		尺寸线、尺寸界限、剖面线、指引线、图例线等
粗虚线		见有关专业制图标准
细虚线		不可见轮廓线
粗单点画线		见有关专业制图标准
细单点画线		对称中心线、轴线等
粗双点画线		见有关专业制图标准
细双点画线		假想轮廓线、成型前原始轮廓线
双折线		断裂处的边界线
波浪线		断裂处的边界线

图线的画法和要求如下。

① 绘制图线时，应用力一致，速度均匀，线条应达到光滑、圆润、浓淡一致的要求。

② 虚线、单点画线和双点画线的线段长度和间隔应保持一致。绘制手工图时，虚线每段线段长 4~6 mm，间隔约为 1 mm。单点画线和双点画线每段线段长度为 15~20 mm，间隔和短画分别约为 3 mm 和 5 mm，如图 1-7 所示。

③ 单点画线和双点画线的起止端不应是点。在较小的图形中，若绘制单点画线和双点画线有困难，可用细实线代替。当单点画线用作轴线、对称线、中心线时，应超出图形的轮廓线 2~3 mm，如图 1-8 所示。

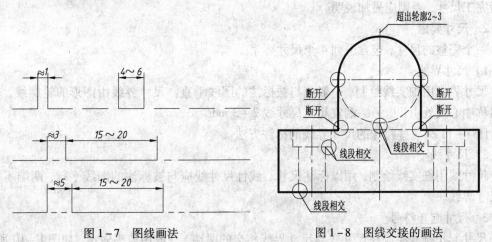

图1-7 图线画法 　　　　　　图1-8 图线交接的画法

④ 当虚线、点画线等不连续线之间相交或与实线相交时，必须是线段相交，不能是间隔或点相交。但当虚线为实线的延长线时，应留有间隔。如图 1-8 所示。

⑤ 图线不得与文字、数字或符号重叠、相交。若不可避免时，应首先保持文字等的清

晰，图线在文字处断开，如图1-9所示。

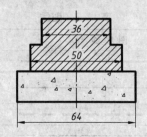

图1-9　图线经过文字时须断开

1.1.5　尺寸标注(GB/T 4458.4—2003、GB/T 16675.2—1996)

图形只能表达物体的形状，物体的真实大小还需要由标注的尺寸数值确定。一个完整的尺寸标注，由尺寸界线，尺寸线，尺寸起止符号和尺寸数字及尺寸单位组成。如图1-10所示。

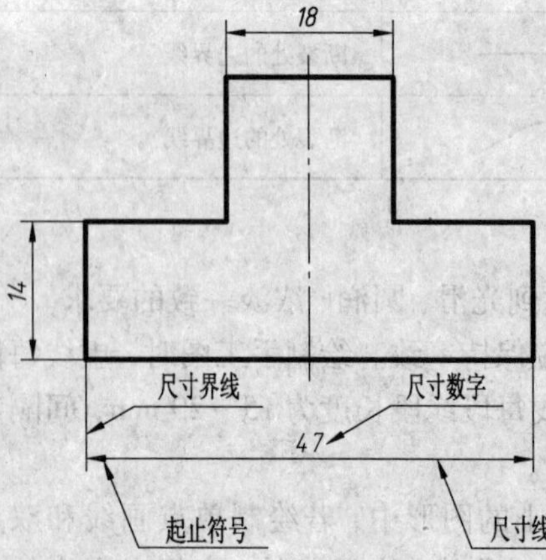

1. 尺寸标注的基本规定

(1) 图样上所注的尺寸数值表示物体的真实大小，与绘图比例及绘图的准确度无关。

(2) 图样(包括技术要求和其他说明)中的尺寸，一般以毫米为单位，并且不需标注"毫米"或"mm"字样。如采用其他尺寸单位，则应注明其计量单位的代号或名称。

(3) 物体的每一尺寸，一般只标注一次，并应标注在反映该结构最清晰的图形上。

(4) 图样中所注的尺寸，为该图样所示物体的最后完工尺寸，否则应另加说明。

图1-10　尺寸的组成

2. 尺寸要素

一个完整的尺寸，包含下列4个尺寸要素。

1) 尺寸界线

尺寸界线用细实线绘制，一般应与被标注的图线垂直。尺寸界线由图形的轮廓线，轴线或对称中心线处引出，另一端宜超出尺寸线2~3 mm。

图1-11为一些特殊的尺寸界线的标注方法。

2) 尺寸线

尺寸线用细实线绘制，用以标注尺寸。线性尺寸线应与被标注的图线平行，两端不宜超出尺寸界线。

3) 尺寸起止符号

尺寸起止符号绘制在尺寸线与尺寸界线相交的两端，一般用箭头表示，如图1-10所示。建筑制图中用中粗短斜线，其倾斜方向应与尺寸界线成顺时针45°角，长度宜为2~3 mm，如图1-12(b)所示。在轴测图中，尺寸起止符号为小圆点，如图1-12(c)所示。箭头的尺寸及画法如图1-12(a)所示，图中的 d 表示粗实线的宽度。

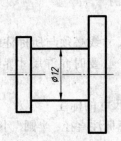

（a）用轮廓线代替尺寸界线

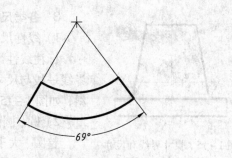

（b）角度的尺寸界线沿径向引出

图 1-11   特殊的尺寸界线

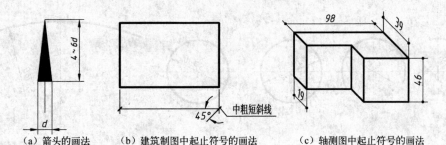

（a）箭头的画法   （b）建筑制图中起止符号的画法   （c）轴测图中起止符号的画法

图 1-12   尺寸起止符号的画法

4）尺寸数字

尺寸数字一般注写在尺寸线上方，即在水平尺寸线上的尺寸数字应由左到右写在尺寸线上方，字头朝上；在竖直尺寸线上的尺寸数字应由下到上写在尺寸线的左方，字头朝左。

在倾斜的尺寸线上，字头应有向上的趋势，数字应按图 1-13 所示的方向注写，应尽可能避免在图 1-13 所示 30°阴影线范围内标注尺寸。若无法避免时可将数字引出标注，或在尺寸线断开处水平标注，如图 1-14 所示。

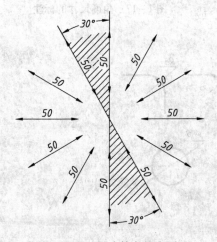

图 1-13   尺寸数字的注写

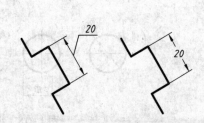

图 1-14   向左倾斜 30°范围内的尺寸数字的注写

3. 各类尺寸标注示例

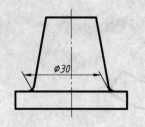

图 1-15　尺寸界线和尺寸
线相互倾斜

1）线性尺寸的标注

标注线性尺寸时，尺寸线必须与所标注的线段平行。尺寸界线一般与尺寸线垂直，必要时允许尺寸界线和尺寸线相互倾斜，如图 1-15 所示。

2）圆、圆弧及球面尺寸的标注

整圆、大于半圆的弧标注直径；半圆、小于半圆的弧标注半径。半径、直径、球的直径的尺寸起止符号一律用箭头表示。在标注尺寸时，应在相应的尺寸数字前加上半径符号 R、直径符号 ϕ、球半径符号 SR、球直径符号 $S\phi$，如图 1-15 所示。

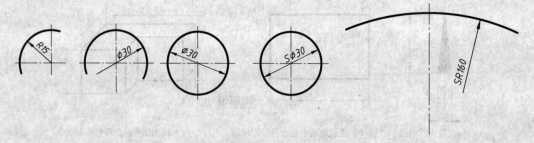

图 1-16　圆、圆弧及球面尺寸的标注

3）角度尺寸的标注

角度尺寸数字一律水平书写，即字头永远朝上，一般注在尺寸线的中断处，地方小时可以注写在尺寸线外面或引出标注。角度尺寸必须在数字的右上角注出角度单位度、分、秒的符号。

4）小尺寸的标注

当所标注尺寸比较小，两尺寸界线之间没有足够位置书写尺寸数字或画箭头时，可将尺寸数字注在尺寸界线外侧，或用引出线引出再标注，也可将箭头画在尺寸界线外侧，或用圆点代替箭头，如图 1-18 和图 1-19 所示。

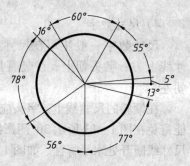

图 1-17　角度尺寸的标注

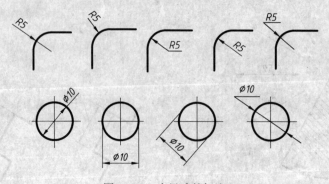

图 1-18　小尺寸的标注

5）弦长、弧长的标注

标注圆弧的弦长时，尺寸线应平行于该弦。标注弧长时，尺寸线应用与该圆弧同心的圆弧线表示，标注弧长时尺寸起止符号一律用箭头表示，弧长数字上方应加注圆弧符号"⌒"。如图 1-20 所示。

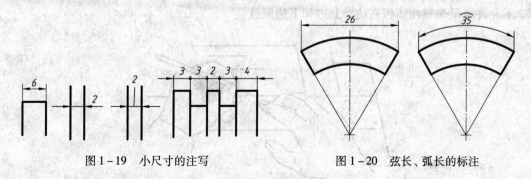

图 1-19　小尺寸的注写　　　　　图 1-20　弦长、弧长的标注

1.2　绘图工具和仪器

本节介绍手工绘图常用的绘图工具和仪器，包括图板、丁字尺、三角板、圆规、分规、铅笔、比例尺等。正确熟练掌握绘图工具和仪器的使用方法，是保证绘图质量，提高绘图效率的前提，所以必须养成正确使用绘图工具和仪器的良好习惯。

1.2.1　绘图工具

1. 图板

图板作为垫板用于绘图时放置图纸，图板的板面由稍有弹性、平坦无节、不易变形的软木材制成，四周为硬木镶边，用作导边的左边必须平直。图板有不同的规格，可根据需要选用。绘图时，板身要略为倾斜。

画图时用胶带纸将图纸的四角固定在图板上，如图 1-21 所示。

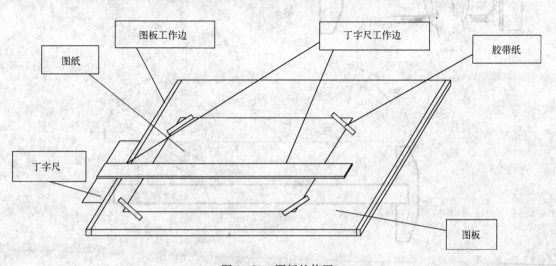

图 1-21　图板的使用

2. 丁字尺

丁字尺主要用于绘制水平线。丁字尺由相互垂直的尺头和尺身构成。绘图时，左手把住尺头，使其内侧紧贴图板左侧边缘，尺身紧贴在图板上，沿尺身上缘（有刻度的一边）由左至右画出水平线，如图1-22所示。尺头沿图板左侧上下移动，可画出不同位置的水平线。注意，不允许将尺头靠在图板右边、上边和下边画线。

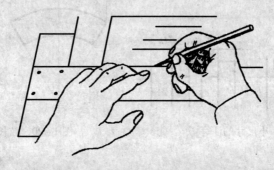

图1-22 使用丁字尺画水平线

3. 三角板

三角板需要与丁字尺配合使用，主要用于绘制竖直线、互相垂直的直线、互相平行的斜线和特殊角度（45°、30°、60°、15°、75°）的斜线，如图1-23所示。绘制竖直线时，应是持笔由下而上画线。

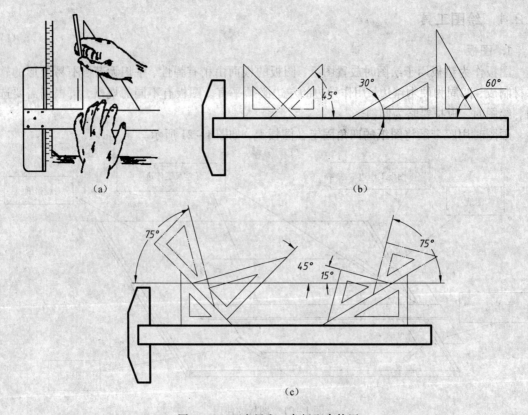

（a）　　　　　　　　　　　　　　　（b）

（c）

图1-23 丁字尺和三角板配合使用

4. 比例尺

比例尺主要用于绘制不同比例的图形。比例尺常做成三棱柱状，又称三棱尺。其上有 1：100、1：200、1：300、1：400、1：500 和 1：600（或 1：1000 ~ 1：6000）共六种比例的刻度，均以 mm 为单位。如图 1 - 24。

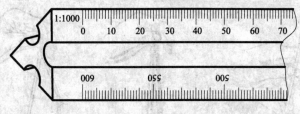

图 1 - 24　比例尺

5. 铅笔

绘图使用的铅笔为专用的绘图铅笔。在铅笔的一端印有表示铅芯软硬程度的符号，分别用 H 和 B 来表示（H 表示硬，B 表示黑）。H 和 B 前的数字越大表示越硬或越黑。常用的有 2H、H、HB、B 等几种。一般用 H 或 2H 笔画底稿，HB 笔写字和加深细线，B 或 2B 笔加深粗线。加深圆或圆弧时用的铅芯要比加深直线时软一号。

绘图时，用铅笔画的各种图线应符合国标的规定。同类图线宽度、色度深浅要均匀一致。根据不同用途，铅芯可削（磨）成两种不同的形状：画粗实线的铅笔芯削（磨）成扁平的楔形，并使其宽度等于粗实线的宽度 d，如图 1 - 25（a）所示。其余削（磨）成圆锥形，用于打底稿、画各种细线及写字，如图 1 - 25（b）所示。

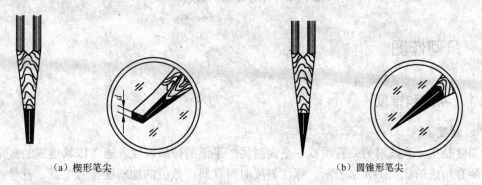

（a）楔形笔尖　　　　　　　　　　　（b）圆锥形笔尖

图 1 - 25　铅笔的削法

1.2.2　绘图仪器

1. 圆规

主要用于绘制圆和圆弧。使用圆规时，应注意调整铅芯和针尖的长度及角度，使圆规的两脚等长，且与纸面垂直。使用方法如图 1 - 26 所示。

2. 分规

分规有两种用途，一是用来等分一段直线或圆弧；二是用来定出一系列相等的距离。使用时，应使两针尖对齐。如图 1 - 27 所示。

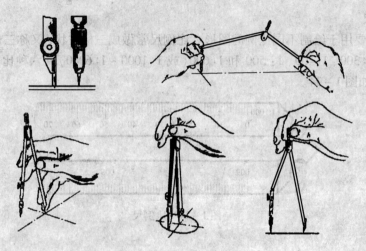

图 1-26　圆规的用法

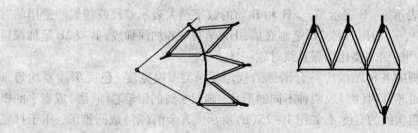

图 1-27　用分规等分线段和圆弧

1.3　几何作图

1.3.1　斜度和锥度

1. 斜度

斜度是指一直线对另一直线或一平面对另一平面的倾斜程度。通常以其组成的直角三角形的两直角边的比值 $1:n$ 来表示。标注斜度时可在斜度数值前加斜度符号"∠"，符号方向应与斜度方向一致。

【例 1-1】　如图 1-28 所示，已知直线 AB，求作过 B 点向右上方倾斜的直线，斜度为 $1:5$。

【作图方法】

① 自 B 向右量取 5 个长度单位得点 C，并过点 C 作直线 CE 垂直于 AB；

图 1-28　作 1:5 的斜度线

② 在垂直线 CE 上自 C 点起量取 1 个长度单位得点 D，连接点 B、D，则 BD 即为所求的直线。

2. 锥度

锥度是指正圆锥底圆直径与圆锥高度之比。对于正圆台，其锥度则是两底圆直径之差与圆台高度的比。通常以 1:n 的形式来表示。标注锥度时在锥度数值前加锥度符号"◁"，符号方向与锥度方向一致。

【例 1-2】 如图 1-29 所示，求作底圆直径为 CD，锥度为 1:3 的正圆锥。

【作图方法】如图 1-29 所示：

① 过 CD 中点 B 作垂线 AB；

② 在垂线 AB 上量取 BE，使其长度为 CD 的 3 倍；

③ 连接点 C、E 和 D、E，得三角形 CDE，则三角形 CDE 所表示的圆锥即为所求。

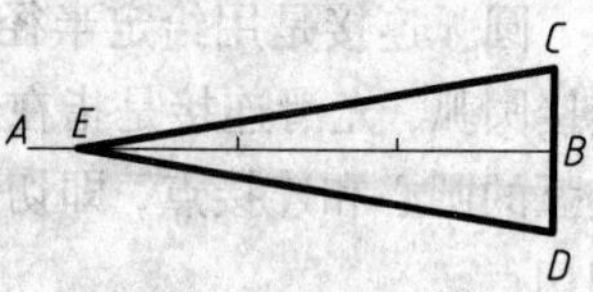

图 1-29 作 1:3 的锥度线

1.3.2 正多边形

1. 正五边形的画法

【例 1-3】 如图 1-30 所示，已知圆 O，作出其内接正五边形。

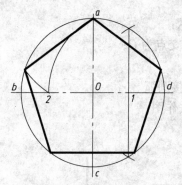

图 1-30 作正五边形

【作图方法】如图 1-30 所示：

（1）平分半径 Od，得中点 1；

（2）以点 1 为圆心，1a 为半径画圆弧与 bO 相交于 2 点，a2 即为五边形的边长；

（3）从 a 点起，以 a2 为弦长顺次在圆周上截出各等分点，依次连接相邻的等分点，所得的图形即为圆的内接正五边形。

2. 正六边形的画法

【例 1-4】 已知圆 O，作出其内接正六边形

【作图方法 1】如图 1-31 所示；

分别以圆 O 的左右两个象限点 a、d 为圆心，以圆 O 的半径 aO 为半径画弧与圆周相交，将圆周分为六等份。连接相邻各等分点，即得圆 O 的内接正六边形。

【作图方法 2】如图 1-32 所示：

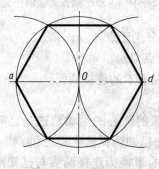

图 1-31 作正六边形（1）

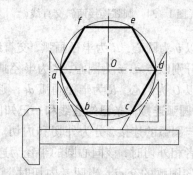

图 1-32 作正六边形（2）

（1）用 30° 三角板的短直角边靠在丁字尺上，并使其斜边依次通过该圆 O 的左右象限点 a 和 d，沿着斜边画直线交该圆周于点 b、c；

（2）翻转三角板，再使斜边分别通过点 a 和 d，画直线交圆周于点 e、f；

（3）用丁字尺分别连接水平线 bc 及 fe，即得该圆 O 的内接正六边形 abcdef。

1.3.3 圆弧连接

圆弧连接是用给定半径的圆弧光滑连接两已知线段(直线或圆弧)。给定半径的圆弧称为连接圆弧,光滑连接是指在连接点处相切。要画出连接弧,除了知道半径外,还必须知道连接弧的圆心和连接点,即切点,所以在作图时为了保证相切,必须准确地作出连接弧的圆心和切点。

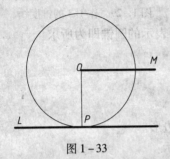

图1-33

圆弧连接有以下3种情况。

1. 用圆弧连接两条已知直线

与直线 L 相切的圆有无数个,其圆心 O 的运动轨迹是直线 L 的平行线 M,两平行线之间的距离为圆的半径 R,圆与直线 L 的切点是由圆心 O 向直线 L 作垂线的垂足 P,如图1-33所示。

【例1-5】 已知两相交直线 ab、bc,试用半径为10的圆弧光滑连接直线 ab、bc。

【作图方法】如图1-34所示:

(1) 分别作与直线 ab、bc 相距为10的平行线,两直线的交点为 O;

(2) 过点 O 分别作直线 ab、bc 的垂线,得垂足 d、e;

(3) 以点 O 为圆心、10为半径作圆弧 de,即为所求的连接圆弧。

若两直线正交,除了按上述方法作图外,还可按以下方法作图。

【作图方法】如图1-35所示:

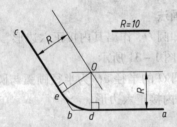

图1-34 圆弧连接两斜交直线

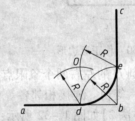

图1-35 圆弧连接两正交直线

(1) 以 b 为圆心,R 为半径画弧,交直线 ab、bc 分别于点 d、e;

(2) 分别以点 d、e 为圆心,R 为半径画弧,得交点 O;

(3) 以 O 为圆心,R 为半径画弧 de,则 de 弧就是所求的连接圆弧。

2. 用圆弧连接一条已知直线和一已知圆或圆弧

圆弧与圆弧的连接,分为外切和内切。连接圆弧的圆心的运动轨迹是已知圆弧的同心圆。当两者相外切时,该同心圆的半径为连接圆弧与已知圆弧的半径之和,切点为两圆心的连线与已知圆弧的交点;当两者内切时,该同心圆的半径为连接圆弧与已知圆弧的半径之差,切点为两圆心的连线的延长线与已知圆弧的交点。

【例1-6】 已知半径为 R_1 的圆 O_1 和圆外直线 ab,试用半径为 R 的圆弧连接直线 ab 及圆 O_1,要求与圆 O_1 外切。

【作图方法】如图1-36所示:

(1) 作与直线 ab 相距为 R 的平行线,并以 O_1 为圆心,以 $R+R_1$ 为半径画弧与该平行线

相交于点 O，点 O 即为连接弧的圆心；

（2）过点 O 向 ab 作垂线，得垂足即切点 c。连接 OO_1，与已知圆 O_1 相交，得切点 d；

（3）以点 O 为圆心，R 为半径画圆弧 dc，即为所求得连接圆弧。

当所求连接圆弧与圆 O_1 为内切时，如图 1－37 所示，只需将上述方法中的 $R+R_1$ 改为 $R-R_1$，并延长 OO_1，与圆 O_1 交于点 d，由此作出的圆弧 dc 即为所求的圆弧。

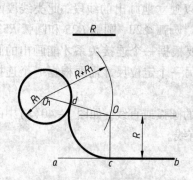 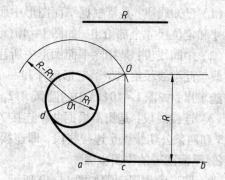

图 1－36　圆弧连接直线和圆（外切）　　　　图 1－37　圆弧连接直线和圆（内切）

3. 用圆弧连接两已知或圆弧

【例 1－7】　已知半径为 R_1 的圆 O_1、半径为 R_2 的圆 O_2，试以 R 为半径作外切圆弧连接圆 O_1 和圆 O_2。

【作图方法】如图 1－38 所示：

（1）分别以 O_1 及 O_2 为圆心，以 $R+R_1$ 和 $R+R_2$ 为半径画圆弧，两圆弧相交得点 O；

（2）分别连接 OO_1 及 OO_2，与圆 O_1、O_2 交于点 a、b；

（3）以 O 为圆心，R 为半径作圆弧 ab，则圆弧 ab 即为所求得连接圆弧。

当连接圆弧与已知圆内切时，只需将上述步骤①中的 $R+R_1$、$R+R_2$ 改为 $R-R_1$、$R-R_2$，并延长 OO_1 及 OO_2，与圆 O_1、O_2 交于点 a、b，如图 1－39 所示，由此作出的圆弧 ab，即为所求。

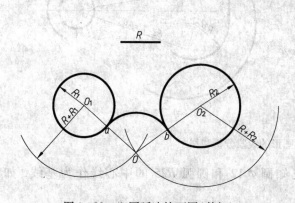 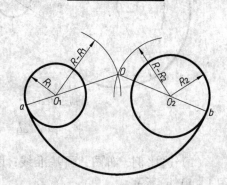

图 1－38　以圆弧连接两圆（外切）　　　　图 1－39　以圆弧连接两圆（内切）

1.3.4　平面图形的绘制

要想快速、准确地绘制平面图形，在绘制之前，应对平面图形进行分析，明确每一线段的特性，如形状、大小和各线段之间的相对位置，确定各线段绘制的先后顺序。

1. 平面图形的线段分析

平面图形中的线段是由两类尺寸决定的，一类是决定线段的形状大小的尺寸，即定形尺寸；另一类是决定各线段之间相对位置的尺寸，即定位尺寸。

根据平面图形中各线段给定的尺寸，可将线段分成以下 3 类。

(1) 已知线段：是指根据平面图形中所注的尺寸可以独立地画出的线段，此类线段的定形尺寸和定位尺寸全部给出，如图 1-40(a) 中的圆 $\varnothing 12$、圆弧 $\varnothing 20$、圆弧 $R25$ 和圆弧 $R52$。

(2) 中间线段：是指除平面图形中所注尺寸外，需要根据一个连接关系才能画出的圆弧或直线。此类线段给出全部定形尺寸和一个定位尺寸，另一个定位尺寸需要根据一个连接关系才能求出，如图 1-40(a) 中的圆弧 $R12$。

(3) 连接线段：是指需根据两个连接关系才能画出的圆弧或直线，如图 1-40(a) 中的圆弧 $R3$ 和两条公切线就是连接线段，即连接圆弧和连接直线。

2. 平面图形的作图步骤

平面图形的作图步骤如图 1-40 所示。

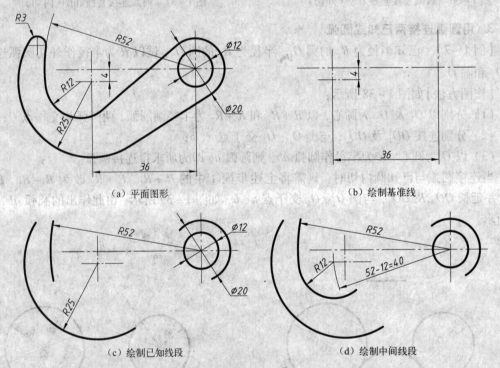

(a) 平面图形　　　　　　　　　　(b) 绘制基准线

(c) 绘制已知线段　　　　　　　　(d) 绘制中间线段

图 1-40　平面图形的线段分析和作图

(1) 选比例，布图，画基准线：以已知圆 $\varnothing 12$ 和圆弧 $R25$ 的中心线作为基线，如图 1-40(b) 所示。

(2) 绘制已知线段：圆 $\varnothing 12$、圆弧 $\varnothing 20$、圆弧 $R52$ 和圆弧 $R25$，如图 1-40(c) 所示。

(3) 绘制中间线段：圆弧 $R12$，如图 1-40(d) 所示。

(4) 绘制连接线段：圆弧 $R3$ 和两条公切线。

(5) 检查、加深。

(6) 标注尺寸,完成 1-40(a)所示图形。

以上各连接弧和中间弧的连接点及圆心,按上述"连接圆弧"的作图方法作出。

1.3.5　徒手图的绘制

1. 徒手图的概念

徒手图又称草图,是指不用绘图仪器,仅用铅笔以徒手、目测的方法绘制的图样。由于绘徒手图简便快捷,不受条件限制,实用性强,所以经常用于创意设计,测绘零、构件和技术交流。例如,工程技术人员在调查研究、搜集资料阶段,往往要测量实物,画出徒手图为制定技术文件提供原始资料;在设计时,也常用徒手图进行构思和表达设计思想;在外出参观和进行技术交流时,也常用徒手图记录和交流。因此,工程技术人员必须熟练掌握徒手作图的技巧。

草图不用严格按国标规定的比例绘制,但要求正确表达形体的形状,通过目测实物形状及大小,把握形体各部分间的基本比例关系。判断形体间的比例要从整体到局部,再由局部到整体,反复比较。草图的"草"字只是指徒手而言,并不是潦草的含义,因此草图上的图线和字体要尽量符合国标规定,做到直线平直、曲线光滑、粗细分明、方向正确,长短大致符合比例,字体工整。总之,草图绘制要做到图形完整、图线清晰,各部分比例恰当。

2. 徒手图的绘制方法

绘制草图时的铅笔要软些,如 HB、B 或 2B。铅笔削长一些,笔尖不要过尖,要比较圆滑。执笔的位置高一些,手指放松,使笔杆有较大的活动空间。画草图要手眼并用,做水平线、竖直线、等分线段、截取相等线段等,都要靠眼睛估计。

要画好草图,需要掌握徒手作图的技巧并加强练习。徒手绘图的基本作图方法如表 1-6 所示。

表 1-6　徒手绘图的基本作图方法

基本作图方法	画　法	说　明
画水平线		画直线时,应先定出其两端点的位置,自起点开始轻轻画出底线,以小手指压住纸面,眼睛注视终点,然后修正不平直的地方并沿底线画出所需的直线。
画竖直线		画水平线时,可把图纸斜放,以手腕动作沿图上水平方向自左向右画出,如线段较长,则手腕和手臂要随之移动,使笔尖沿直线方向运动。画竖直线时,可将图纸放正,沿竖直方向以手指动作自上而下画出,若竖直线较长,可分段绘制。绘图过程中可适当调整图纸和身体相对位置,使运笔处于比较自然的状态。
等分线段	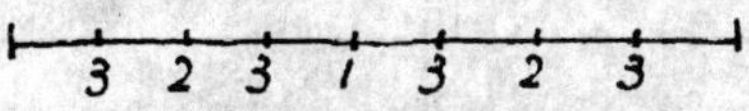 (a) 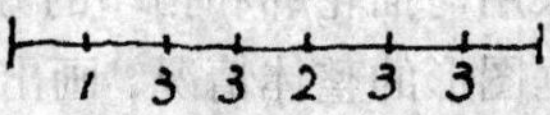 (b) 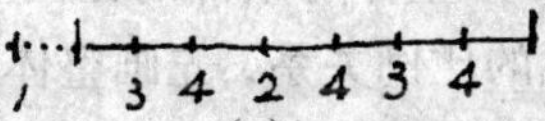 (c)	若为偶数等分,例如 8 等分,最好是依次作 2 等分;若为奇数等分,如 7 等分,可用目测估计,先去掉 1 个等分,而把其余部分做 6 等分;或增加 1 个等分,把其余作 8 等分。等分次序如图线下方的数字所示。

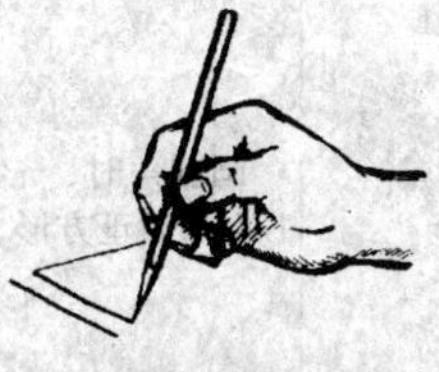

基本作图方法	画　法	说　明
画斜线	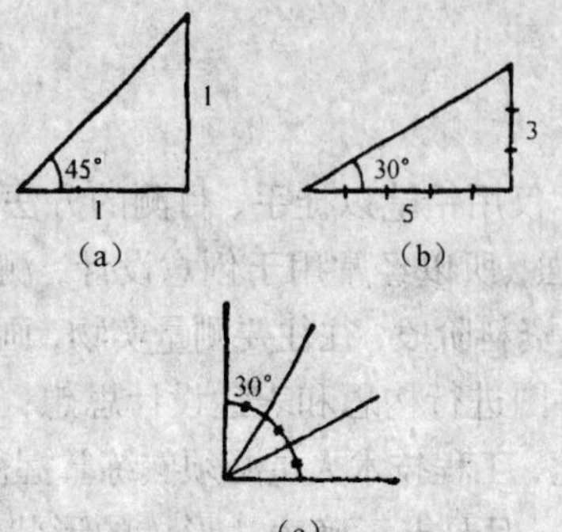 （a）　　　　　（b） （c）	画与水平线成15°整数倍角度的斜线，可利用两直角边的近似比例关系画出。也可利用直角和等分圆弧的方法画出。如要画75°线，可先徒手画一直角，在直角处作一圆弧，将圆弧六等分，然后徒手连直线；画45°线，两等分圆弧即可得到。画向右上方倾斜的线时，画法与画水平线相同；画向右下方倾斜的线时，画法与画竖直线相似，但铅笔要更竖直一些。
画圆	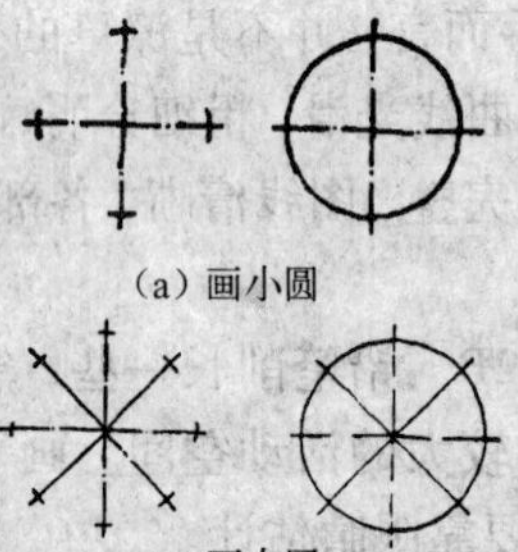 （a）画小圆 （b）画大圆	画小圆时，先画出互相垂直的对称中心线，然后在中心线上按半径目测定出四个点，分别过三个点分两段连成一个整圆。 画大圆时，先画出互相垂直的对称中心线和与中心线成45°的斜线，然后在各线上按半径目测出8个点，同样每三个点连接一段圆弧，最终拼出整个圆。
画椭圆	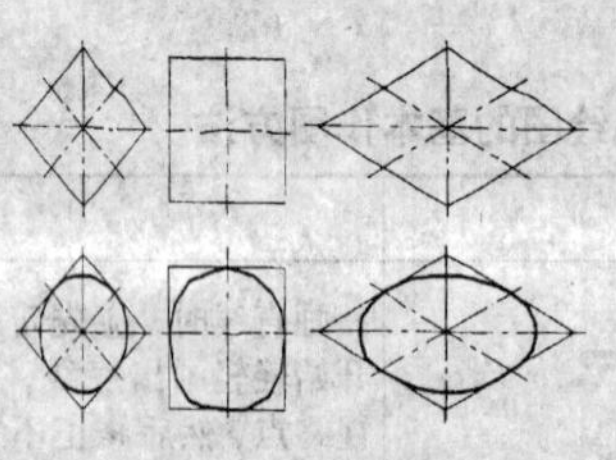	画椭圆时，先根据椭圆的长短轴，目测定出端点的位置，然后过四点画一矩形，再与矩形相切画椭圆；也可利用外切的菱形画出四段圆弧，构成椭圆。
画圆角	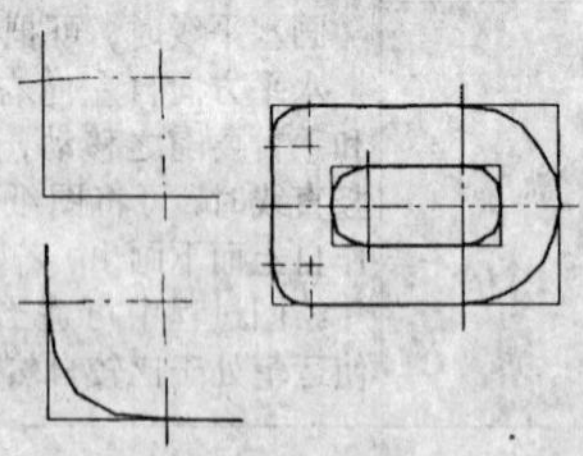	画圆角时，先画出互相垂直的中心线，然后画1/4外切正方形，再用圆弧连接两切点。

遇到较复杂的平面图形轮廓形状时，常采用勾描轮廓和拓印的方法。

徒手画平面图形时，先画出基准线后根据图形的整体情况，画出其主体部分，再画细部。画图时一定要注意图形整体的长宽比，以及图形整体与细部的比例。初学时，可用铅笔测定各部分的大小，如图1-41所示，找出长与宽的比例关系，先画整体再画细部。

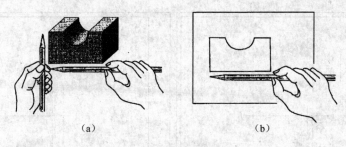

（a）　　　　　　　　　　　　　（b）

图 1-41　画草图测量尺寸

1.3.6　仪器绘图

1. 绘图前的准备工作

（1）阅读有关文件、资料，了解所要绘制图样的内容和要求等。

（2）准备绘图工具和仪器，擦净图板、三角板、丁字尺等，削好铅笔，调整好分规和圆规。

（3）固定图纸。图纸应位于图板偏左下的位置，图纸下边距图板下边缘至少要留有丁字尺尺身宽度的距离，图纸的四角用透明胶带纸固定在图板上。

2. 画图幅、图框和标题栏

图幅应画在图纸的中央。先连图纸对角线找出图纸中心，根据此中心画出图幅、图框和标题栏。

3. 布图

为了合理利用图纸，使图样清晰、美观，要根据图形的最大轮廓范围结合标注尺寸的需要进行布图，使所画图形均匀地布置在整张图纸中。布图时用作图基线定位，用作定位线的一般是图形的对称线、轴线、中心线和主要轮廓线。

4. 画底稿

底稿要求用轻而细的线条画出，但应清晰可见。虚线、点画线的线段和间隔的长度要合乎国标的规定。画完底稿后擦去不必要的作图辅助线。

5. 检查、加深

底稿画完后应全面检查图形，如有错误，应立即改正，之后再根据图线的类型按国标的规定加深图线，同类线型加深后的粗细浓淡要一致，保证均匀光滑。因此应把图线按宽度和图线的方向分批加深，而且画线时用力要均匀。加深的顺序一般是：先曲线后直线；先细线后粗线；先水平方向，后竖直方向，再倾斜方向。

6. 标注尺寸、书写技术要求等文字说明

图形加深完毕后，标注尺寸、书写技术要求、填写标题栏等。

以绘制图 1-42（d）所示的平面图形为例，具体绘图步骤如图 1-42 所示。

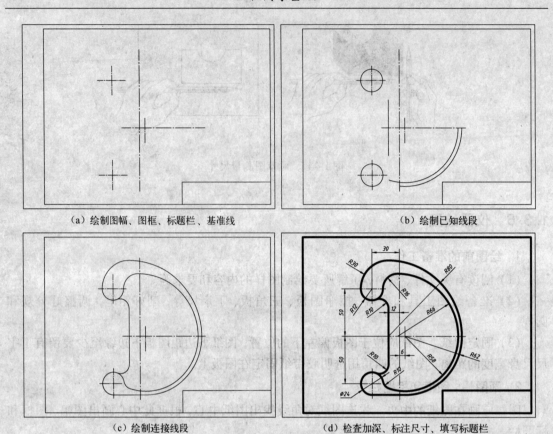

（a）绘制图幅、图框、标题栏、基准线　　　　　（b）绘制已知线段

（c）绘制连接线段　　　　　（d）检查加深、标注尺寸、填写标题栏

图 1-42　绘图步骤

第 2 章　投影基本知识

生活中见到的广告、产品说明中的图通常具有较强的直观性，这种图与人眼观察物体的印象比较一致，一般人都可以看懂。而在工程中最常用的是一种缺乏直观性而便于度量的图样，工程图样不具有立体感，但可以反映物体的表面实形和大小，便于进行生产实践。但无论哪一种图都是用二维的平面图形反映三维的空间物体，都是根据投影的原理绘制而成的。

2.1　投影的形成及分类

2.1.1　投影法的基本概念

如图 2-1 所示，在光线照射下，物体在地面或墙面上会出现影子。这种现象的形成需要三个条件：光源、物体和承影面。

投影法可以看作是这种自然现象的抽象表达。投射线通过物体，向选定的面投射，并在该面上得到图形的方法称为投影法。投影法中，所得图形称为投影，得到投影的面称为投影面。图 2-2 所示的投影过程中，点 S 为投射中心；平面 P 为投影面；直线 SA、SB、SC 为投射线；$\triangle abc$ 为空间物体 $\triangle ABC$ 在投影面 P 上的投影。

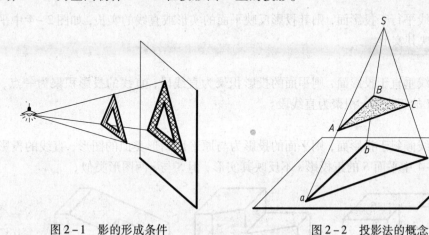

图 2-1　影的形成条件　　　　　　图 2-2　投影法的概念

2.1.2　投影法的分类

按投射线汇交或平行将投影法分为中心投影法和平行投影法两类。

1. 中心投影法

当所有的投射线都交汇于投射中心点 S 时，这种投影方法称为中心投影法，如图 2-2 所示，这样得到的投影称为中心投影。

2. 平行投影法

当所有的投射线都相互平行时，这种投影方法称为平行投影法，如图 2-3 所示，这样得到的投影称为平行投影。

根据投射线与投影面是否垂直，平行投影法又可分为两类。

斜投影法：投射线倾斜于投影面，如图 2-3(a) 所示。

正投影法：投射线垂直于投影面，如图 2-3(b) 所示。

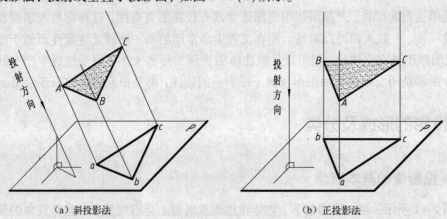

　　　　（a）斜投影法　　　　　　　　　　　　　　（b）正投影法

图 2-3　平行投影法

2.1.3　正投影的投影特性

正投影的投影特性是由物体上的平面或直线与投影面的相对位置决定的。

1. 实形性

若平面或直线平行于投影面，则其投影反映平面的实形或直线的实长，如图 2-4 中平面 Q 的正投影 q 反映其实形。

2. 积聚性

若平面或直线垂直于投影面，则平面的投影积聚为直线段，直线的投影积聚为一点，如图 2-4 中平面 R 的正投影 r 积聚为直线段。

3. 类似性

若平面或直线倾斜于投影面，则平面的投影为与原平面图形类似的图形，直线的投影比实长短，如图 2-4 中平面 S 的正投影 s 不反映其实形，但 S 与 s 两图形类似。

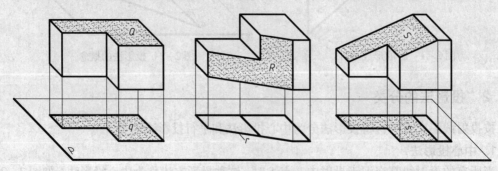

图 2-4　正投影的投影特性

2.1.4 工程上常用的投影图

不论建造房屋、桥梁，还是加工机械产品，工程图样都是重要的施工、生产依据，但根据表达对象及图样用途的不同，绘制图样所采用的投影方法也不一样。工程中常用的投影图有四种：多面正投影图、轴测投影图、透视投影图和标高投影图。

1. 多面正投影图

同一物体的多个不同方向的正投影，按一定规则配置在一起，就得到该物体的多面正投影图。如图 2-5 所示为一幢房屋的三面正投影图，它是用正投影法，从房屋的正面、顶面和侧面分别将房屋投射向三个相互垂直的投影面，得到三个正投影图，然后按一定的规则展开，画在一张图纸上。正投影法作图简便，且得到的投影图度量性好，如在正立面图中可以直接得到门、窗的实形及大小，所以在工程中应用最为广泛，正投影图的缺点是直观性差，缺乏投影知识的人不易看懂。

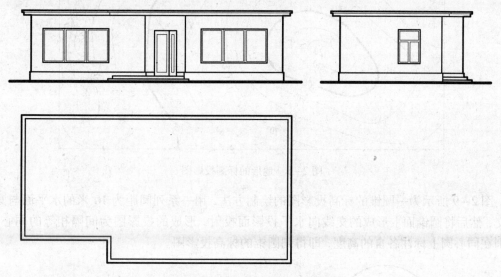

图 2-5 房屋的三面正投影图

2. 轴测投影图

轴测投影图是用平行投影法将物体向一个投影面投射，得到的单面投影图。如图 2-6 所示，轴测投影图的直观性强，能反映出空间物体的长、宽、高三个维度，物体结构表达较清楚，在一定的条件下也能直接度量。但不能反映物体各个表面的准确形状，如图 2-6 中的椭圆都是由圆投射而成的。

3. 透视投影图

透视投影图是用中心投影法将物体投射在单一投影面上所得到的具有立体感的图形。如图 2-7 所示，透视投影图更符合人的视觉规律，图形逼真，立体感强。但一般不能直接度量，绘制过程也较为复杂。透视投影图一般用于建筑物的效果表现图及工业产品的展示图等。

4. 标高投影图

标高投影图是在物体的水平投影上加注某些特征面、线以及控制点的高程数值的单面正投影图。标高投影图主要用于表达地形，如图 2-8 所示。公路、铁路、水利等的设计施工都需要标高投影图,此外标高投影图在地质及军事中也有广泛的应用。标高投影图是通过在地面等高线的正投影上标注高度值的方法,达到用单面正投影图表达物体三维量的目的。

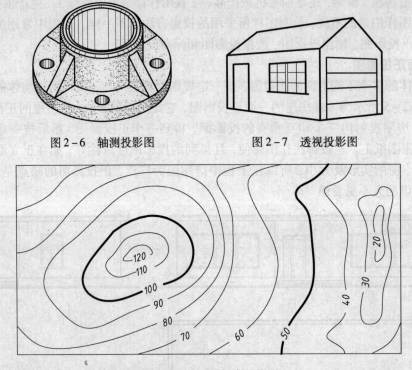

图 2-6　轴测投影图　　　　　　　　图 2-7　透视投影图

图 2-8　地形的标高投影图

图 2-9 所示为一圆锥的标高投影图的绘制方法,用一系列间距为 10 米的水平面与圆锥相交,然后将圆锥面上形成的交线向水平投影面投射,形成的投影图为间隔相等的同心圆,分别在同心圆上标注各自的高度,即得到圆锥的标高投影图。

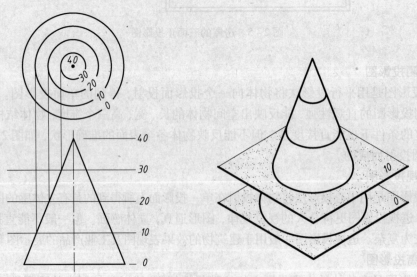

图 2-9　圆锥的标高投影图

2.2　三面正投影图

2.2.1　投影体系的建立及投影图的形成

　　如图 2-10 所示，一个投影可以反映物体两个方向的真实形状和大小，但物体是三维的，投影图中没有反映长方体的高度。在图 2-11 中，将物体向两个相互垂直的投影面分别投射得到两个投影，这两个投影可以将物体的长、宽、高都表示出来。但是图 2-11 中两个不同的物体在两个投射方向上都具有相同的投影，也就是说两个投影图有时也不能准确地表达三维物体，因此，需要建立一个三面投影体系，以便用三面正投影图准确表达空间物体。

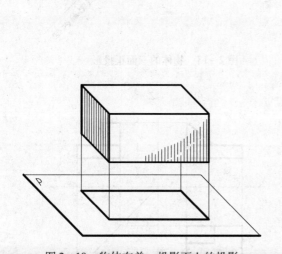

图 2-10　物体在单一投影面上的投影

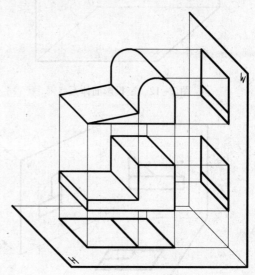

图 2-11　物体在两个投影面上的投影

1. 三投影面体系

　　选取三个互相垂直的投影面建立一个三投影面体系，三个投影面分别是水平投影面，简称 H 面；正立投影面，简称 V 面；侧立投影面，简称 W 面。投影面之间的交线称为投影轴，分别用 OX、OY、OZ 表示，如图 2-12 所示。

2. 物体的三面正投影图

　　如图 2-13 所示，将物体放在三投影面体系中，分别将物体向三个投影面投射：

　　从上向下投射，在 H 面上得到物体的水平投影；

　　从前向后投射，在 V 面上得到物体的正面投影；

　　从左向右投射，在 W 面上得到物体的侧面投影。

　　图 2-13 所示为物体及其三面正投影的直观图，将直观图按图 2-14(a)所示的方法展开后得到的图 2-14(b)称为三面正投影图，其展开过程为保持 V 面不动，将 H 面绕 OX 轴向下旋转 90°，将 W 面绕 OZ 轴向后旋转 90°，使得 H 面和 W 面旋转后与 V 面共面。投影面旋转后出现两个 OY 轴，规定在 H 面上的 OY 轴用 OY_H 表示，W 面上的 OY 轴用 OY_W 表示，画投影图时投影面的边框不必画出。

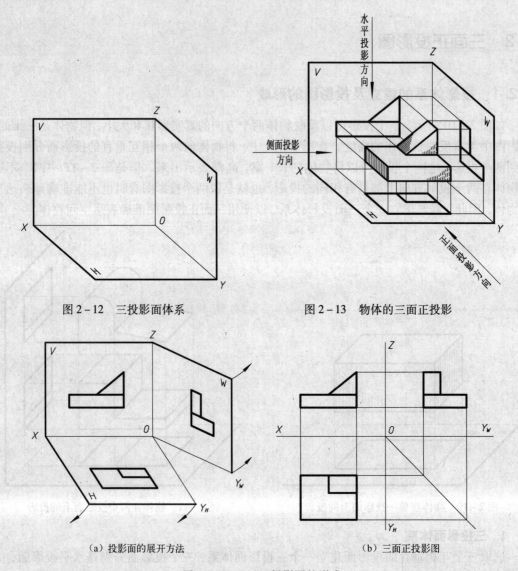

图 2-12　三投影面体系　　　　　　图 2-13　物体的三面正投影

（a）投影面的展开方法　　　　　　（b）三面正投影图

图 2-14　三面正投影图的形成

2.2.2　三面正投影图的投影规律

1. 三面正投影图的基本投影规律

由于三面正投影图是分别将物体对三个投影面进行正投影得来的，因此在每个投影图上只能反映出物体的两个方向的形状和大小，如图 2-15（a）所示：

正面投影图反映物体的上下和左右方向大小，不反映前后方向大小；

水平投影图反映物体的前后和左右方向大小，不反映上下方向大小；

侧面投影图反映物体的前后和上下方向大小，不反映左右方向大小。

在三面正投影图中，每两个投影图之间都有一个共同的方向。如图 2-15（b）所示，通常将 OX 方向定义为长，OY 方向定义为宽，OZ 方向定义为高，那么正面投影与水平投影同时反映了物体上各部分的长度，而且在两个投影图中物体的每一部分的长度都是上下对正的；

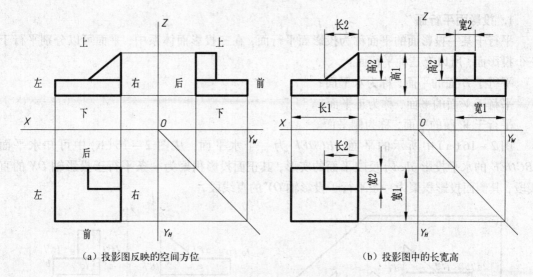

（a）投影图反映的空间方位　　　　　　　　　　（b）投影图中的长宽高

图 2 – 15　三面正投影图的投影规律

正面投影与侧面投影同时反映了物体上各部分的高度，而且在两个投影图中物体的每一部分的高度都是左右平齐的；水平投影与侧面投影同时反映了物体上各部分的宽度，虽然在绘制投影图时，水平投影与侧面投影是分开绘制的，但两个投影图中物体的每一部分的宽度都是对应相等的。三个投影图之间的投影规律可总结为：

　　正面投影图与水平投影图长对正；

　　正面投影图与侧面投影图高平齐；

　　水平投影图与侧面投影图宽相等。

　　物体的三面投影图不仅在整体上符合"长对正、高平齐、宽相等"的规律，而且物体上的每一个局部及几何元素都符合这一投影规律。如图 2 – 15（b）所示三棱柱这一局部，其投影的长 2、宽 2 和高 2 同样符合上述规律。

　　2. 三面正投影图中前后关系的变化规律

　　在三面正投影图形成的过程中，正投影面保持不动，因此物体在正面投影中上下、左右关系保持不变；如图 2 – 15（a）所示，在水平投影中左右关系保持不变，而前后关系发生了变化，靠近 OX 轴的一边为"后面"，远离 OX 轴的一边为"前面"；在侧面投影中上下关系保持不变，与水平投影相同其前后关系也发生了变化，靠近 OZ 轴的一边为"后面"，远离 OZ 轴的一边为"前面"。

2.3　物体上几何元素的投影特性

　　点、线、面是构成物体的基本几何元素，几何元素的投影既符合前边所述的投影规律，又具有其自身的投影特性。

2.3.1　平面的投影特性

　　物体表面上的平面，按其与投影面的相对位置不同可分为投影面平行面、投影面垂直面和一般位置平面三种，前两种平面统称为特殊位置平面。

1. 投影面平行面

平行于某一投影面的平面称为投影面平行面，在三投影面体系中，平面可以分别平行于三个投影面，所以有三种平行面：

平行于 H 面的平面，称为水平面；

平行于 V 面的平面，称为正平面；

平行于 W 面的平面，称为侧平面。

图 2 – 16(a)中所示的平面 ABCDEF 为一个水平面，从图 2 – 16(b)中可知水平面 ABCDEF 的水平投影 abcdef 反映平面的实形，其正面投影积聚为一条平行于投影轴 OX 的直线段，其侧面投影积聚为一条平行于投影轴 OY 的直线段。

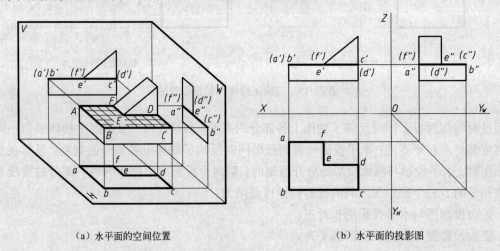

（a）水平面的空间位置　　　　　　　　　（b）水平面的投影图

图 2 – 16　物体上水平面的投影

表 2 – 1 中所列为三种投影面平行面具有的投影特性。

表 2 – 1　投影面平行面的直观图、投影图及投影特性

名　称	空　间　关　系	投　影　图	投　影　特　性
水平面			1. 水平投影反映空间平面的实形； 2. 正面投影积聚为一条平行于 OX 轴的直线段； 3. 侧面投影积聚为一条平行于 OY 轴的直线段。
正平面			1. 正面投影反映空间平面的实形； 2. 水平投影积聚为一条平行于 OX 轴的直线段； 3. 侧面投影积聚为一条平行于 OZ 轴的直线段。

续表

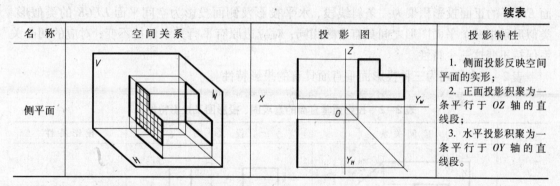

名　称	空间关系	投影图	投影特性
侧平面			1. 侧面投影反映空间平面的实形； 2. 正面投影积聚为一条平行于 OZ 轴的直线段； 3. 水平投影积聚为一条平行于 OY 轴的直线段。

投影面平行面的投影特性可概括为：

① 在其所平行的投影面上的投影，反映空间平面的实形；

② 在其他两投影面上的投影，积聚为一条直线段，且平行于相应的投影轴。

绘制投影图时，字母标注统一规定为：空间几何元素用大写字母表示，水平投影用相应的小写字母表示，正面投影用相应的小写字母加一撇表示，侧面投影用相应的小写字母加两撇表示。如图 2-16(a) 中空间点 B 的水平投影记做 b，正面投影记做 b'，侧面投影记做 b''。

当两点的连线垂直于某一投影面时，这两个点在该投影面上的投影重合为一点，这两个点称为该投影面的重影点。如图 2-16(a) 所示，空间点 A、B 的连线垂直于正立投影面，点 A、B 的正面投影重合为一点，A、B 两点为正立投影面的重影点。标注重影点时不可见点的投影要加括号，图 2-16(a) 中由前向后投射形成正面投影图时，B 点挡住了 A 点，A 点在这个方向上不可见，故记做 $(a')b'$。

2. 投影面垂直面

垂直于某一投影面，且与其他两个投影面斜交的平面称为投影面垂直面。三面投影体系中的垂直面分别为：

垂直于 H 面，与 V 面、W 面斜交的的平面，称为铅垂面；

垂直于 V 面，与 H 面、W 面斜交的的平面，称为正垂面；

垂直于 W 面，与 V 面、H 面斜交的的平面，称为侧垂面。

图 2-17(a) 中所示的平面 $EFGK$ 即为一个正垂面，由图 2-17(b) 所示的投影图可知，平

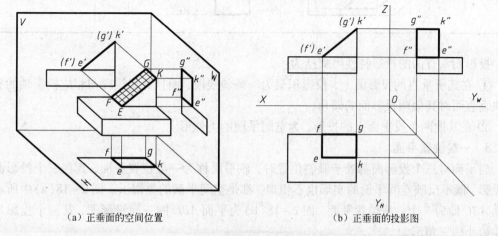

（a）正垂面的空间位置　　　　　　　　（b）正垂面的投影图

图 2-17　物体上正垂面的投影

面 *EFGK* 的正面投影积聚为一条斜线段，水平投影及侧面投影为空间平面 *EFGK* 的类似形。类似形是指两个平面图形之间具有边数相同；对应边原有平行关系保持不变；对应的凹凸关系保持不变这三个特性。

表 2-2 中所列为三种投影面垂直面具有的投影特性。

表 2-2　投影面垂直面的直观图、投影图及投影特性

名　称	空间关系	投影图	投影特性
铅垂面	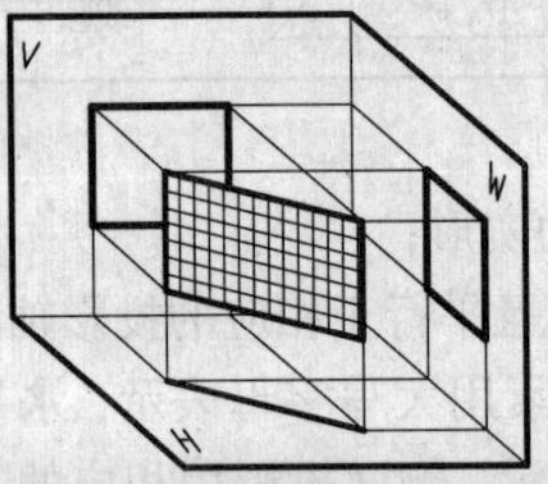	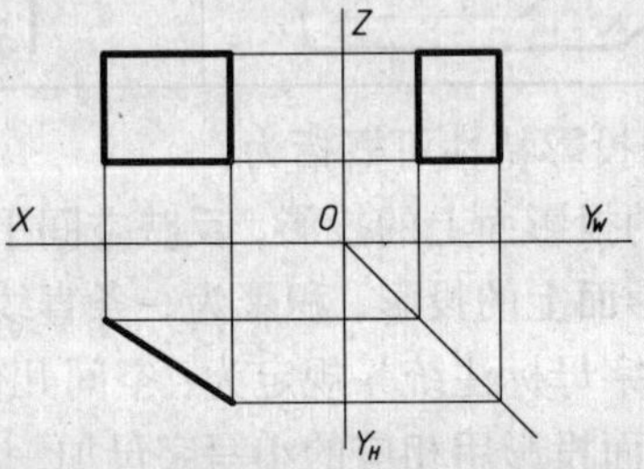	1. 水平投影积聚为一条斜线段且反映对 *V*、*W* 面的倾角； 2. 正面投影和侧面投影为空间平面的类似形。
正垂面	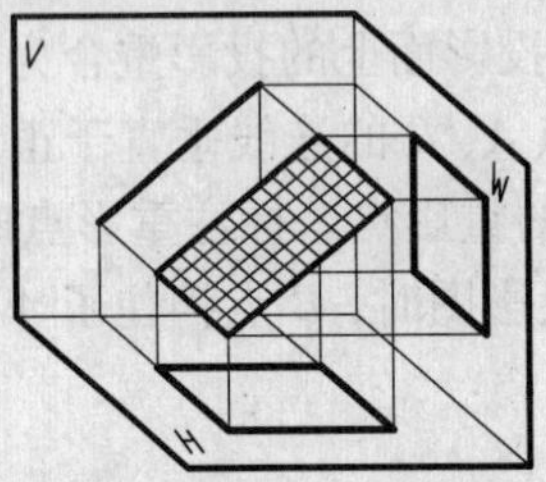	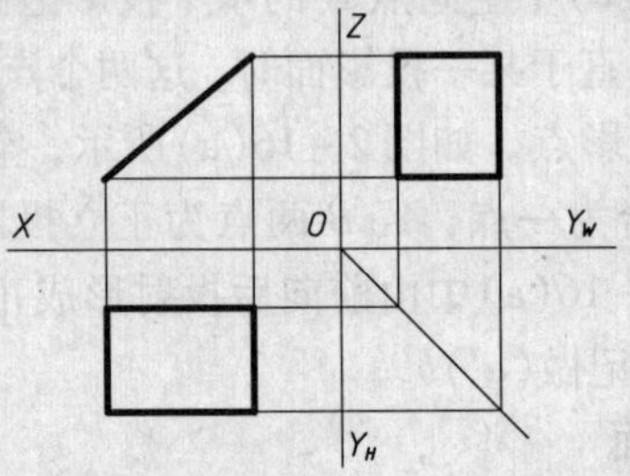	1. 正面投影积聚为一条斜线段且反映对 *H*、*W* 面的倾角； 2. 水平投影和侧面投影为空间平面的类似形。
侧垂面	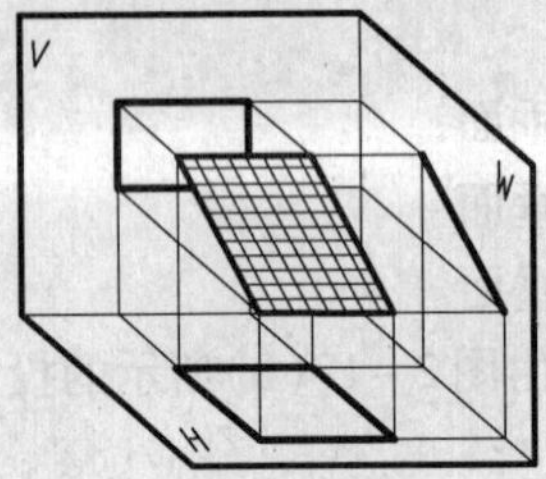	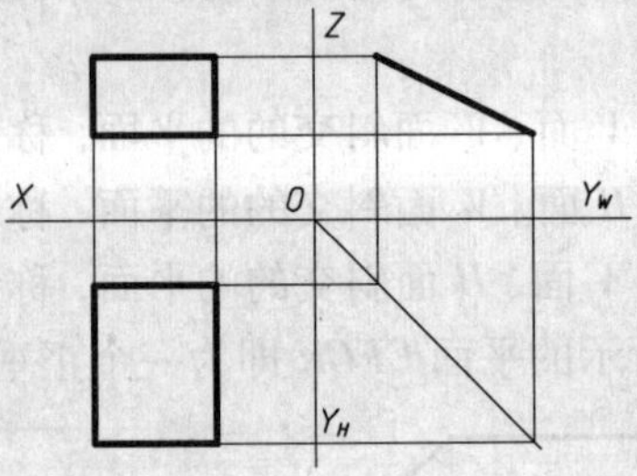	1. 侧面投影积聚为一条斜线段且反映对 *H*、*V* 面的倾角； 2. 水平投影和正面投影为空间平面的类似形。

投影面垂直面的投影特性可概括为：

① 在其所垂直的投影面上，投影积聚为一条斜线段，而且此斜线段与相应投影轴的夹角反映垂直面对其他两投影面的倾角；

② 在其他两个投影面上的投影，为空间平面的类似形。

3. 一般位置平面

当平面对三个投影面都处于倾斜位置时，该平面称为一般位置平面，其在三个投影面上的投影，既不反映空间平面的实形也不积聚，都是空间平面的类似形。图 2-18(a) 中所示的平面 *ABC* 即为一个一般位置平面，图 2-18(b) 为平面 *ABC* 的三面投影图，其三个投影均为比实形小的三角形。

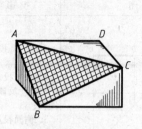

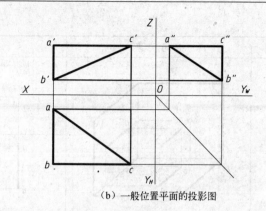

（a）一般位置平面的空间位置　　　　　　（b）一般位置平面的投影图

图 2 - 18　物体上一般位置平面的投影

2.3.2　直线的投影特性

根据直线与投影面的相对位置不同，直线可分为投影面垂直线、投影面平行线和一般位置直线三种，前两种直线统称为特殊位置直线。

1. 投影面垂直线

垂直于某一投影面的直线称为投影面垂直线。三投影面体系中的垂直线有三种：

垂直于 H 面的直线，称为铅垂线；

垂直于 V 面的直线，称为正垂线；

垂直于 W 面的直线，称为侧垂线。

图 2 - 18（a）中物体上的直线 CD 为一条正垂线，图中还可以找到铅垂线和侧垂线。图 2 - 19 所示为正垂线 CD 的投影图，CD 垂直于 V 面，因此其正面投影 $c'(d')$ 积聚为一点，其水平投影 cd 垂直于 OX 轴且反映 CD 的实长，其侧面投影 $c''d''$ 垂直于 OZ 轴也反映 CD 的实长。

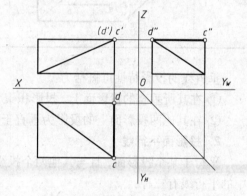

图 2 - 19　物体上正垂线的投影

投影面垂直线具有表 2 - 3 所示的投影特性。

表 2 - 3　投影面垂直线的直观图、投影图及投影特性

名　称	空　间　关　系	投　影　图	投　影　特　性
铅垂线			1. 水平投影积聚为一点； 2. 正面投影为垂直于 OX 轴且反映实长的直线段； 3. 侧面投影为垂直于 OY 轴且反映实长的直线段。

续表

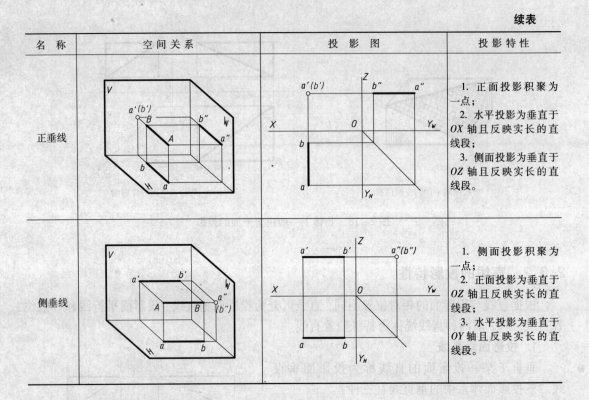

名　称	空间关系	投影图	投影特性
正垂线			1. 正面投影积聚为一点； 2. 水平投影为垂直于 OX 轴且反映实长的直线段； 3. 侧面投影为垂直于 OZ 轴且反映实长的直线段。
侧垂线			1. 侧面投影积聚为一点； 2. 正面投影为垂直于 OZ 轴且反映实长的直线段； 3. 水平投影为垂直于 OY 轴且反映实长的直线段。

垂直线的投影特性可概括为：

① 在其所垂直的投影面上，投影积聚为一点；

② 在其他两投影面上的投影为垂直于相应的投影轴且反映实长的直线段。

2. 投影面平行线

平行于某个投影面，且与其他两个投影面斜交的直线称为投影面平行线。三投影面体系中的平行线有三种：

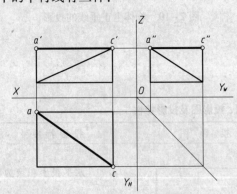

图 2-20　物体上水平线的投影

平行于 H 面，且与 V 面、W 面斜交的直线，称为水平线；

平行于 V 面，且与 H 面、W 面斜交的直线，称为正平线；

平行于 W 面，且与 H 面、V 面斜交的直线，称为侧平线。

图 2-18(a)中直线 AC 为一条水平线，图中还可以找到正平线和侧平线。在图 2-20 所示的投影图中，由于 AC 平行于 H 面，其水平投影 ac 反映 AC 的实长及其对 V 面和 W 面的倾角；正面投影 $a'c'$ 平行于 OX 轴，投影线段比实长短；侧面投影 $a''c''$ 平行于 OY_W 轴，投影线段比实长短。

平行线具有表 2-4 所示的投影特性。

表 2-4 投影面平行线的直观图、投影图及投影特性

名 称	空 间 关 系	投 影 图	投 影 特 性
水平线	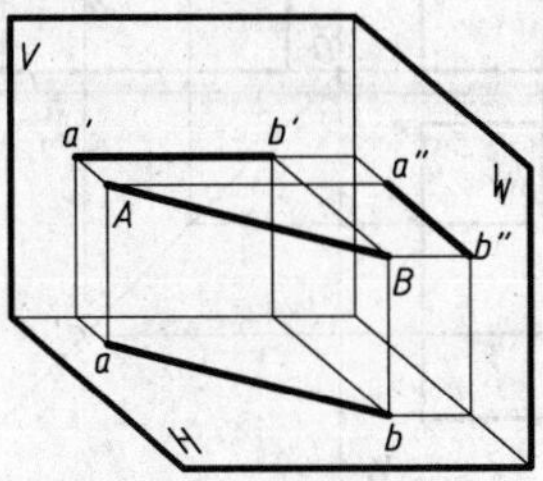	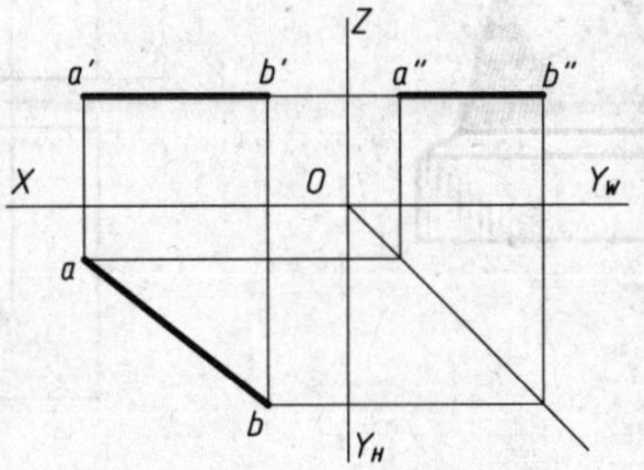	1. 水平投影反映直线实长及直线对 V、W 面的倾角； 2. 正面投影为平行于 OX 轴且比实长短的直线段； 3. 侧面投影为平行于 OY 轴且比实长短的直线段。
正平线	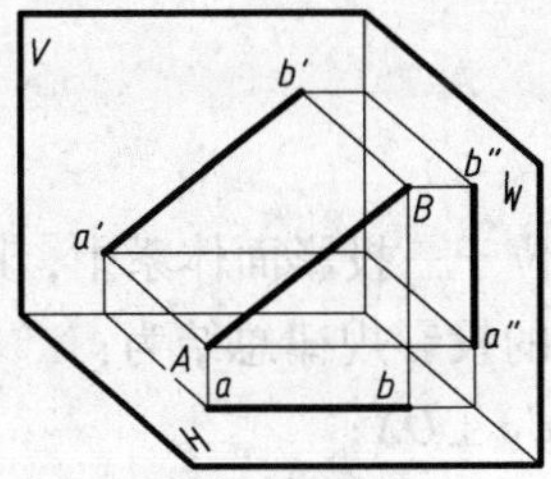	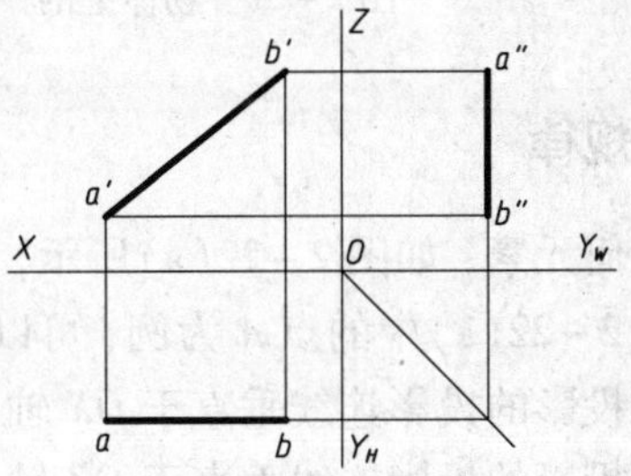	1. 正面投影反映直线实长及直线对 H、W 面的倾角； 2. 水平投影为平行于 OX 轴且比实长短的直线段； 3. 侧面投影为平行于 OZ 轴且比实长短的直线段。
侧平线	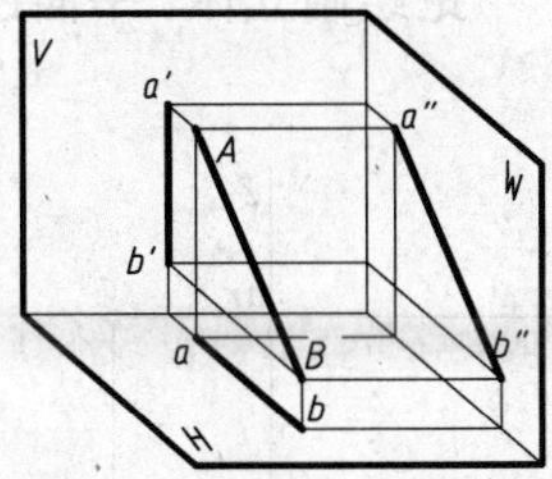	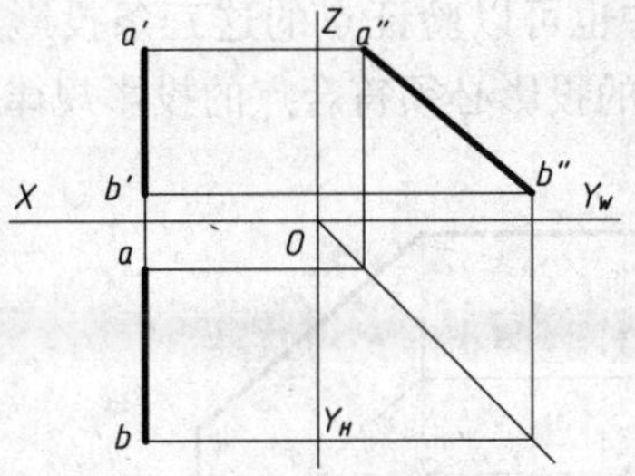	1. 侧面投影反映直线实长及直线对 H、V 面的倾角； 2. 正面投影为平行于 OZ 轴且比实长短的直线段； 3. 水平投影为平行于 OY 轴且比实长短的直线段。

平行线的投影特性可概括为：

① 在其所平行的投影面上，投影反映实长，而且投影与相应投影轴的夹角反映直线对其他两投影面的倾角；

② 在其他两投影面上，投影为平行于相应投影轴的直线段且比实长短。

3. 一般位置直线

当直线对三个投影面都处于倾斜位置时，称为一般位置直线。一般位置直线在三个投影面上的投影，均为倾斜的直线段且不反映实长。图 2-21(a) 所示物体上的 AB 棱线为一般位置直线，其他棱线均为特殊位置直线。从图 2-21(b) 的投影图中可以看出，一般位置直线在三个投影面上的投影均为斜线且不反映实长。

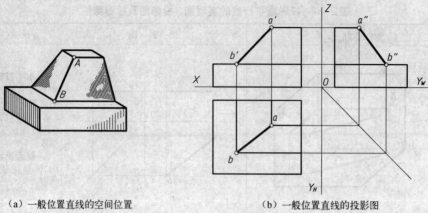

（a）一般位置直线的空间位置　　　　（b）一般位置直线的投影图

图 2-21　物体上的一般位置直线

2.3.3　点的投影规律

点是最基本的几何元素，如图 2-22（a）所示，点 A 位于三投影面体系中，其投影图如图 2-22（b）所示，以图 2-22（a）中的点 A 为例，可以将点的投影规律总结为：

水平投影与正面投影的投影连线垂直于 OX 轴，即 $a'a \perp OX$；

正面投影与侧面投影的投影连线垂直于 OZ 轴，即 $a'a'' \perp OZ$；

水平投影与侧面投影在 Y 轴方向的距离相等，即 $aa_X = a''a_Z$。

在图 2-21（b）中也可以验证点的这三条投影规律，不论绘制立体、平面还是直线的投影，都要注意其上点的投影必须符合点的投影规律。

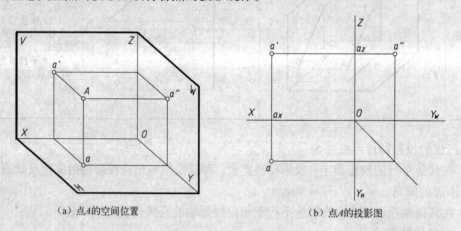

（a）点 A 的空间位置　　　　（b）点 A 的投影图

图 2-22　点的三面投影

第3章　平面立体

立体都是由若干个表面围合而成的，根据立体表面性质的不同，可将立体分为**平面立体**和**曲面立体**两大类。表面都是平面多边形的立体称为平面立体。表面包含有曲面的立体称为曲面立体。

在平面立体中一般将棱柱和棱锥称为**平面基本立体**，而其他平面立体都可以在这两种平面基本立体的基础上变化而来。

3.1　平面基本立体的投影

因为平面立体是由若干个平面围合而成的，因此平面立体的投影即为组成平面立体的各个平面的投影。

3.1.1　棱柱

在组成平面立体的表面中有两个面相互平行且与其他表面都相交，其余每相邻两个表面的交线都相互平行，这样的平面立体称为**棱柱**。平行的两个平面称为棱柱的**底面**；其余的面称为棱柱的**棱面**；相邻面的交线称为**棱线**。棱面垂直于底面的棱柱称为**正棱柱**。

图 3-1(a)所示三投影面体系中的五棱柱，上下底面平行于 H 面，即为水平面，所以其水平投影为反映底面实形的正五边形，其正面投影和侧面投影分别积聚为一条水平线段。

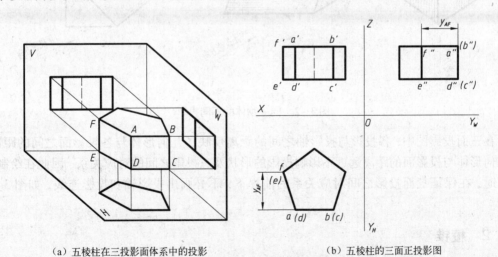

（a）五棱柱在三投影面体系中的投影　　　　　　（b）五棱柱的三面正投影图

图 3-1　五棱柱的三面正投影

五棱柱的所有棱面均垂直于 H 面，故其水平投影都积聚为直线段，且与底面正五边形的相应各边重合。棱面 ABCD 为正平面，它的正面投影 a'b'c'd' 为反映实形的矩形，侧面投影积聚为一条垂线段；其他棱面均为铅垂面，其正面投影及侧面投影均为矩形，但不反映空间平面的实形，为空间平面矩形的类似形，图3-1中的棱面 *ADEF* 的正面投影 *a'd'e'f* 和侧面投影 *a"d"e"f"* 为两个变窄了的矩形，均不反映矩形棱面 *ADEF* 的实形。

在投影图中不可见的棱线用虚线绘制，如图3-1中，最后边的棱线在正面投影图中不可见，需用虚线绘制。

立体上每一个表面的三面投影都应符合投影规律，应特别注意的是水平投影与侧面投影之间的"宽相等"，图3-1(b)中棱面 *ADEF* 的水平投影与侧面投影在宽度方向上的 y_{AF} 相等。

一个立体相对于投影面的位置不同，其投影就会不同，如图3-2所示，为同一个三棱柱的三组不同的投影。绘图的目的是为了清晰、准确地表达形体，因此在摆放立体时，应使尽量多的面处于特殊位置，以便在投影图中较好地反映物体的特征及表面的形状。

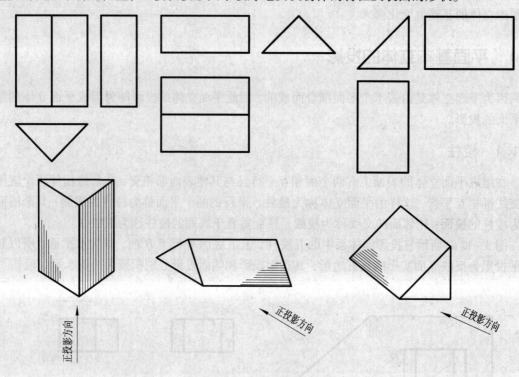

图3-2　同一物体的不同投影

在三面投影图中，各投影与投影轴之间的距离反映了几何形体与各投影面之间的距离，而几何形体与投影面的距离远近不影响投影的形状及三投影之间的对应关系，因此在绘制投影图时，在保证三面投影之间对应关系的前提下，不必画出投影轴和投影连线，如图3-2所示。

3.1.2　棱锥

平面立体的一个面是与其他各面都相交的多边形，其余的各面是具有公共顶点的三角形，则称该平面立体为棱锥。与其他各面都相交的多边形称为棱锥的底面，各个三角形就是棱锥的棱面。

图3-3(a)所示三投影面体系中的三棱锥，底面 *ABC* 平行于 *H* 面，所以其水平投影 *abc*

反映底面实形，其他两投影均积聚为一条水平线段；三个棱面中 *SAC* 为侧垂面，其侧面投影积聚为一条斜线段，正面投影和水平投影均为三角形，但不反映实形；左右两个棱面 *SAB* 和 *SBC* 都是一般位置平面，因此它们的三个投影都不反映实形，是空间三角形的类似形，它们的侧面投影 $s''a''b''$ 与 $s''b''(c'')$ 彼此重合。

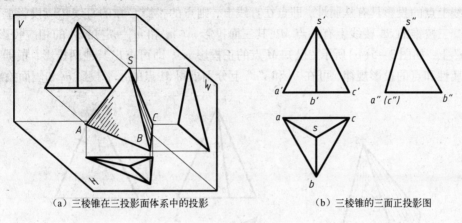

(a) 三棱锥在三投影面体系中的投影　　　(b) 三棱锥的三面正投影图

图 3-3　三棱锥的三面投影

3.2　平面立体表面上的直线段和点

3.2.1　平面立体表面上的直线段

平面立体表面上的直线段一定在立体的某一表面上，因此，应首先确定直线段所在的表面，然后根据确定平面上直线的几何条件，确定直线段的具体位置。

如果直线在平面上，它必须满足下列几何条件之一：

① 过平面上的两点；

② 通过平面上的一点，且平行于该平面上的一条直线。

在图 3-4 中，L_1、L_2 都是棱面 *ABCD* 上的直线，因为直线 L_1 经过该棱面上的 *B*、*E* 两点，而直线 L_2 过该棱面上的 *F* 点且与棱线 *CD* 平行。在投影图 3-4(b) 中可以看到 L_2 的投影与 *CD* 的投影

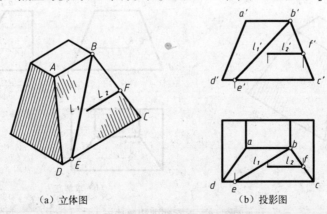

(a) 立体图　　　　　　(b) 投影图

图 3-4　平面立体表面上的直线段

是对应平行的，即 $l_2 /\!/ cd$、$l_2' /\!/ c'd'$，也就是说，空间平行的两直线，其投影仍然相互平行。

3.2.2 平面立体表面上的点

1. 点在棱线上

直线上点的投影具有从属性，即点在直线上，则点的投影必在的直线相应投影上。在图 3-5 中，三棱锥的 SA 棱线上有一点 M，其三面投影 m、m' 和 m'' 一定在 SA 的相应投影 sa、$s'a'$ 和 $s''a''$ 上，如图 3-5(b) 所示，已知 M 点的正投影 m'，即可求出其他两投影，根据直线上点的从属性和点的投影规律，可在 sa 和 $s''a''$ 上分别求得 M 点的水平投影 m 和侧面投影 m''。

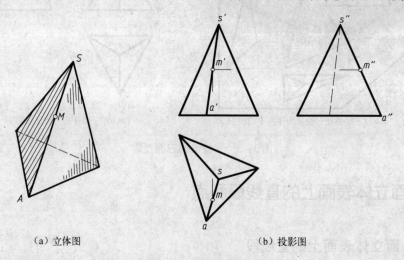

（a）立体图　　　　　　　　　（b）投影图

图 3-5　点在棱线上

2. 点在立体表面内

如果点所在的立体表面为投影面的平行面或垂直面，则可以利用特殊位置平面投影的积聚性，直接求出点的投影。在图 3-6(b) 中已知棱面内 K 点的正投影 k'，由于 K 点所在棱面 $ABCD$ 的侧面投影具有积聚性，因此可在棱面 $ABCD$ 侧面投影的积聚投影上直接求得 k''，然后根据点的投影规律由 k'、k'' 求得 k。

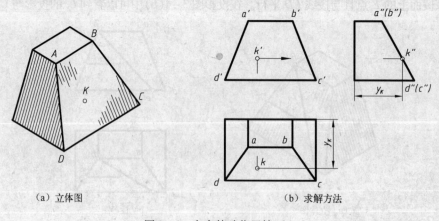

（a）立体图　　　　　　　　　（b）求解方法

图 3-6　点在特殊位置棱面上

如果点所在的表面为一般位置平面，则必须借助平面内包含该点的直线作为辅助线，通过确定点在辅助线上的位置，求出平面内点的位置。

已知 N 为三棱锥 SAB 棱面上一点，如何根据投影图 3-7(a) 中给出的 N 点的正面投影 n'，确定其水平投影 n 和侧面投影 n''。如图 3-7(c) 所示，在正面投影图中连接并延长 $a'n'$，使其与 $s'b'$ 相交于 d'，则 $a'd'$ 为包含 N 点的棱面 SAB 内直线 AD 的正面投影。过 d' 作垂线与 sb 交于 d，连接 ad，过 n' 作垂线与 ad 相交，交点即为 n。同理在侧面投影中作出 $a''d''$，在 $a''d''$ 上求得 n''。由于棱面 SAB 的侧面投影不可见，所以 n'' 也不可见。

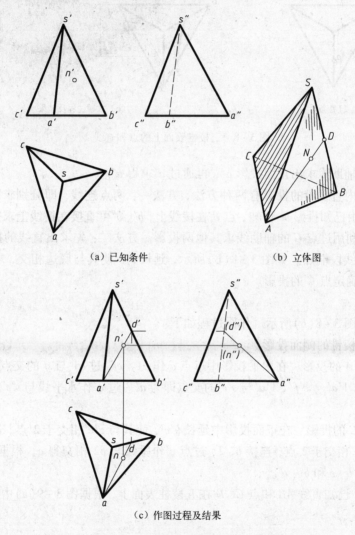

（a）已知条件　　　　（b）立体图

（c）作图过程及结果

图 3-7　利用辅助线求棱面上的点

【例 3-1】 已知点 A 和线段 BC 在三棱锥表面上，根据图 3-8(a) 中的已知投影，补画其他两投影。

分析

（1）由已知投影可知，点 A 在棱线上，由于点 A 所在棱线为侧平线，所以正面投影 a' 不能直接求得。作法一：先利用 Y 坐标相等求出 a''，再求 a'。作法二：如图 3-8(b) 所示，利

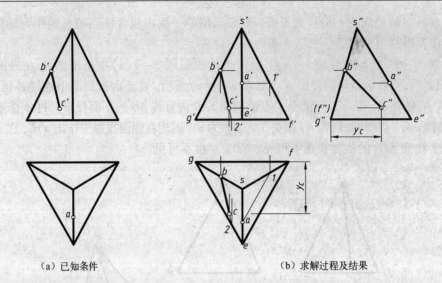

（a）已知条件   （b）求解过程及结果

图3-8   三棱锥表面上的点和直线

用与底边平行的辅助线求出正面投影 a'，再通过 a' 求得 a''。

（2）求平面内直线段的投影有两种方法，方法一：两点连线，即分别求出点 B、C 的投影，对应相连。由已知投影 bc 可知，点 B 在棱线上，b'、b'' 可直接在棱线上求得；点 C 在一般位置棱面内，需利用过点 C 的辅助线求其他两投影。方法二：先求出直线的投影，然后在直线的投影上确定线段端点。如图3-8（b）所示，延长 $b'c'$ 使其与底边相交，求出该延长线的投影，再在其上确定点 C 的投影。

作图

作图结果如图3-8（b）所示。作图过程如下：

（1）画出三棱锥的侧面投影。

（2）补画点 A 的投影   在水平投影中过点 a 作 $a1 /\!/ ef$，过 $a1$ 与 sf 的交点 1，作垂线与 $s'f'$ 交于 $1'$，过 $1'$ 作 $1'a' /\!/ e'f'$，$1'a'$ 与 $s'e'$ 的交点即为 a'。过 a' 作水平线与 $s''e''$ 相交，其交点即为 a''。

（3）补画 BC 的投影   在正面投影中延长 $b'c'$，使其与 $g'e'$ 相交于 $2'$ 点，过 $2'$ 点作垂线在水平投影中与 ge 相交于 2 点，连接 b、2，过点 c' 作垂线与 $b2$ 相交得 c。根据 c' 和 c 求出 c''。分别连接并加深 b、c 和 b''、c''。

【例3-2】   已知直线 AB 和点 C、D 在五棱柱表面上，根据图3-9（a）中的已知投影，补出其他两投影。

分析

（1）由已知的 AB 投影，能够判断出 AB 在棱柱的上底面内，该底面为水平面，其正面投影和侧面投影都有积聚性，故 AB 的正面投影可直接在上底面正面投影的积聚线段上求得，利用 AB 的水平投影可求得侧面投影。

（2）由已知投影 c'' 可知，C 点在棱线上，只要确定出该棱线的其他两投影，即可求得 C 点的相应投影，该棱线的水平投影具有积聚性。

（3）由于投影点 d' 不可见，因此 D 点不在棱线上而在不可见的棱面上，该棱面为铅垂

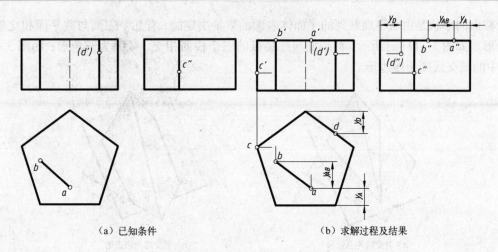

（a）已知条件　　　　　　　　（b）求解过程及结果

图 3-9　五棱柱表面上的直线和点

面，既水平投影具有积聚性，求解时先求其水平投影 d，再求侧面投影 d''。由于 D 点在右后侧的棱面上，所以其投影 d'、d'' 均不可见。

作图

具体的作图方法如图 3-9(b)所示。

3.3　平面立体的截切

3.3.1　截交线的基本概念

如图 3-10 所示，立体被平面 P 截切，在立体表面上产生交线，截切立体的平面 P 称为截平面，截平面 P 与立体各表面的交线称为截交线，截交线围合而成的平面图形称为截面或断面。

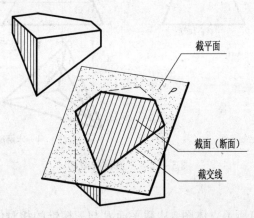

图 3-10　截交线的概念

由图 3-10 可以看出截交线组成了一个封闭的平面多边形，该多边形的各边是截平面与立体表面的交线，即共有线；各顶点是立体上各棱线与截平面的交点，即共有点。

截面的形状是由截平面截到的平面体表面的数量决定的，有几个表面与截平面相交就是几边形。如图 3-11(a) 所示，截平面与三棱锥的三个棱面相交，截面为三角形；而图 3-11(b) 中的截交线则为四边形。

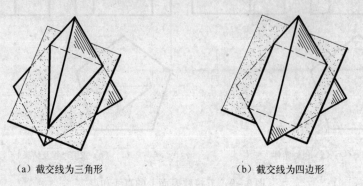

　　（a）截交线为三角形　　　　　　　　　　（b）截交线为四边形

图 3-11　截交线的几何特性

3.3.2　单一平面截切平面立体

单一平面截切平面立体，截交线在一个截平面内，因此截交线与截平面具有相同的投影特性，当截平面为特殊位置平面时，即截平面至少有一个投影是积聚为一条直线段的，这时截交线在相应投影面的投影是已知的。求截交线的投影时，应充分利用已知的积聚投影。

【例 3-3】　如图 3-12(a) 所示，求正垂面 P 与三棱锥 $SABC$ 的截交线，图中 P_V 表示垂直于 V 面的 P 平面在 V 面上的投影位置。

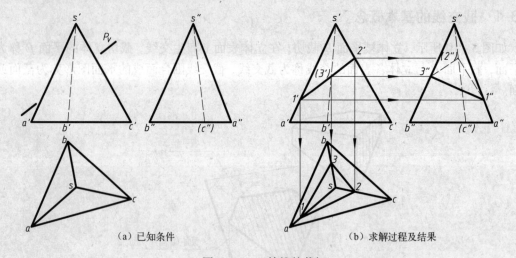

　　　　　（a）已知条件　　　　　　　　　　　　（b）求解过程及结果

图 3-12　三棱锥的截切

分析

（1）参考图 3-11(a) 所示立体图，从截平面 P 与三棱锥的相对位置可知，截平面 P 与三棱锥的三个棱面相交，所得截交线组成了一个三角形，三角形的三个顶点为三条棱线与 P 平面的交点。

（2）由于 P 平面为正垂面，截交线为 P 平面内的三角形，故截交线正面投影积聚在平面

P 的正面积聚投影上，即其正面投影已知。根据已知三顶点的正面投影 1′、2′、3′ 均在棱上，即可求得三顶点的其他两投影，从而求得截交线的投影。

作图

作图结果如图 3 - 12(b)所示。作图步骤如下：

（1）确定具有积聚性的正面投影。截交线正面投影中的三顶点 1′、2′、3′，可由平面 P 的正面积聚投影与三条棱线的交点确定出来。

（2）求水平投影和侧面投影。分别作垂线和水平线，即可在相应的棱线上求得其水平投影 1、2、3 和侧面投影 1″、2″、3″。

（3）判断可见性并连线。因为截交线所在的三个棱面的水平投影都可见，所以截交线的水平投影可见，用实线连接 1、2、3、1。棱面 SAC、SCB 的侧面投影不可见，故其上的截交线 1″2″、2″3″ 也不可见，用虚线连接 1″、2″ 和 2″、3″，用实线连接 1″、3″。

【例 3 - 4】　如图 3 - 13(a)所示，补全截切后四棱柱的水平投影，求作侧面投影图。

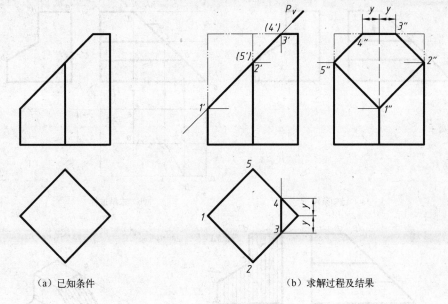

（a）已知条件　　　　　　　　（b）求解过程及结果

图 3 - 13　四棱柱的截切

分析

（1）如图 3 - 13(b)所示，图 3 - 13(a)是四棱柱被截正垂面 P 截切后而形成的。截平面与四棱柱的四个棱面及上底面相交，所以截交线为五边形，它的五个顶点分别是截平面与四棱柱三条棱线及上底面的两条边线的交点。

（2）由于 P 平面为正垂面，所以截交线的正面投影重合于 P 平面的正面积聚投影上。

（3）四棱柱的各棱面为铅垂面，它们与 P 平面交线的水平投影和各棱面的水平积聚投影重合。截平面与棱柱上底面的交线为正垂线，其正面投影积聚为一点，水平投影反映实长。

（4）截交线的侧面投影是五边形，是空间图形的类似形，可通过正面投影及水平投影确定出五个顶点的侧面投影后顺序连接而成。

作图

作图结果见图 3 - 13(b)。作图步骤如下：

（1）作出四棱柱未截切时的侧面投影。

（2）确定具有积聚性的正面投影。在正面投影图中确定出五边形截交线的五个顶点的投影 $1'$、$2'$、$3'$、$4'$、$5'$。

（3）求各顶点的水平投影和侧面投影。$1'$、$2'$、$3'$ 为棱线上点的正面投影，据此可求得其水平投影 1、2、3 和侧面投影 $1''$、$2''$、$3''$。$4'$、$5'$ 为上底面边线上点的正面投影，据此可先求得其水平投影 4、5，再根据投影规律求侧面投影 $4''$、$5''$。

（4）判断可见性并连线。由于截交线的水平投影及侧面投影均可见，所以用实线依次连接各点。

（5）绘制存在的棱线。侧面投影中有三条棱线可见，用粗实线绘制，最右侧的棱线不可见用虚线绘制，结果如图 3 − 13（b）所示。

【例 3 − 4】　如图 3 − 14（a）所示，求被截切后棱柱的水平投影。

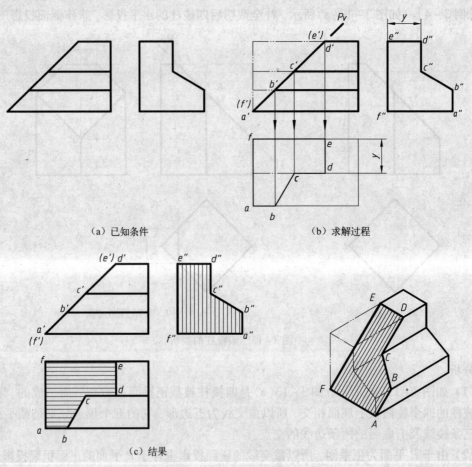

（a）已知条件　　　　　　　（b）求解过程

（c）结果

图 3 − 14　棱柱的截切

分析

（1）该棱柱为水平放置，底面形状反映在侧面投影中，为图 3 − 13（a）中侧面投影所示的六边形。截切棱柱的截平面为正垂面，截平面与棱柱的六个棱面相交，所以截交线为六边形，它的六个顶点分别是截平面与六条棱线的交点。

(2) 由于截平面为正垂面，所以截交线的正面投影重合于截平面的正面积聚投影上。

(3) 六棱柱的各个棱面均垂直于侧立投影面，各个棱面的侧面投影具有积聚性，构成截交线的六条边分别在六个棱面上，故截交线的侧面投影与各棱面的侧面积聚投影重合。

(4) 截交线的水平投影是空间图形的类似形，为六边形，可通过正面投影及侧面投影确定出六个顶点的投影后顺序连接而成。

作图

作图过程见图 3 – 14(b)，结果见图 3 – 14(c)，步骤如下：

(1) 作出棱柱未截切时的水平投影。绘制中间的棱线时需通过侧面投影确定其 Y 轴方向的位置。

(2) 求各顶点的水平投影。在侧面投影中标注出各投影点的字母：a''、b''、c''、d''、e''、f''，在正面投影图中标注出对应投影点的字母：a'、b'、c'、d'、(e')、(f')，根据棱线上点的投影规律，求出其水平投影。

(3) 判断可见性并连线。由于截交线的水平投影均可见，所以用实线依次连接各点。

(4) 加深存在的各棱线及轮廓线，结果如图 3 – 14(c)所示。

本题中截交线的投影特点为正面投影积聚为一条斜线段，其侧面投影与水平投影为空间平面的类似形，如图 3 – 14(c)所示，和立体图中带有阴影线的六边形之间互为类似形。

3.3.3　多个平面截切平面立体

当平面立体被多个截平面截切时，不仅各个截平面在立体表面都产生相应的截交线，而且相交的截平面之间在原立体内部也要产生交线，该交线的两端点一般在立体的表面上，如图 3 – 15 所示，截平面 P、Q 的交线 CD 在四棱柱的内部，点 C、D 在四棱柱的表面上。因此求多个平截面截切立体的投影时，要准确求出这两种交线的投影。

【例 3 – 5】　如图 3 – 15(a)所示，补全截切后四棱柱的水平投影，求作侧面投影。

分析

(1) 图示形体是由四棱柱被一个正垂面 P 和一侧平面 Q 截切而成。截平面 P 与四棱柱的四个棱面及截平面 Q 相交，所以截交线为五边形；而截平面 Q 与两个棱面、上底面及截平面 P 相交，故截交线为四边形。

(2) 由于平面 P、Q 均垂直于正立投影面，所以其截交线的正面投影重合于正面积聚投影上。

(3) 四棱柱的各棱面为铅垂面，它们与截平面 P 交线的水平投影和各棱面的水平积聚投影重合。截平面 Q 为侧平面，其水平投影仍然具有积聚性。

作图

作图结果如图 3 – 15(b)所示。作图步骤如下：

(1) 作出四棱柱未截切时的侧面投影。

(2) 确定具有积聚性的正面投影。在正面投影图中确定出由截平面 P 截切出五边形截交线的五个顶点的投影 a'、b'、c'、(d')、(e')，其中 $c'(d')$ 是截平面 P、Q 的交线 CD 的正面投影，截平面 Q 截切上底面的两个顶点的投影为 f'、(g')。

(3) 求各顶点的水平投影和侧面投影。a'、b'、e' 为棱线上点的正面投影，据此可求得其水平投影 a、b、e 和侧面投影 a''、b''、e''。c'、(d')、f'、(g') 是由侧平面 Q 截切而成的，其水平投影仍积聚，对应各点为 (c)、(d)、f、g，，再根据投影规律求侧面投影 c''、d''、f''、g''。

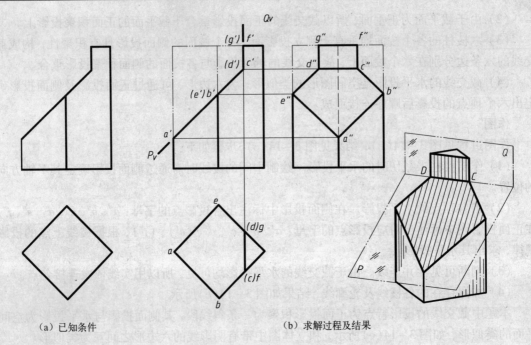

（a）已知条件　　　　　　　　　　　（b）求解过程及结果

图 3-15　四棱柱的多面截切

（4）判断可见性并连线。由于截交线的水平投影及侧面投影均可见，所以用实线依次连接各点。

（5）加深存在的各棱线及轮廓线，结果如图 3-15（b）所示。

【例 3-6】　如图 3-16（a）所示，补全被切去一个方槽的四棱台的水平投影，求作侧面投影。

分析

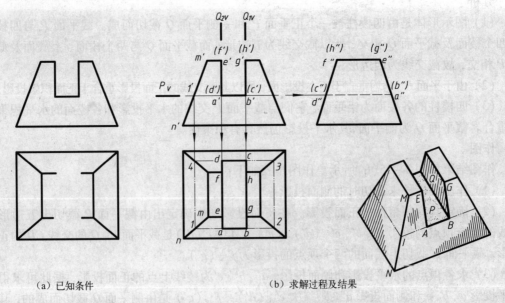

（a）已知条件　　　　　　　　　　　（b）求解过程及结果

图 3-16　四棱台的截切

（1）图示物体可以认为是四棱台被一个水平面 P 和两个侧平面 Q_1、Q_2 截切而成。

（2）截平面 P 的水平投影反映实形，截平面 Q_1、Q_2 的水平投影积聚为直线段。求作水平投影时，由于截平面 P 与四棱台底面平行，可假设截平面 P 延展后与四棱台完全相交，利用截交线是底面形状的相似形，求出假想截交线，然后再确定实际截切部分的截交线。截平面 P 的侧面投影积聚为一直线段，截平面 Q_1、Q_2 的侧面投影反映实形，截平面 Q_1、Q_2 分别与棱台上底面、前后棱面及截平面 P 这四个平面相交，其实形为梯形。

（3）截平面 Q_1、Q_2 分别与截平面 P 相交产生交线，交线的端点是四棱台表面上的点。

作图

作图结果如图 3-16(b) 所示。作图步骤如下：

（1）在正面投影中，截交线的投影已知。由于截切后的四棱台是前后对称的，因此前、后棱面上的截交线的正面投影 $a'b'g'e'$ 和 $d'c'h'f'$ 重合在一起。

（2）在正面投影中延展截平面 P 与棱线 MN 的正面投影相交于点 $1'$，过 $1'$ 做垂线，与棱线的水平投影 mn 交于 1 点，依次作对应底边的平行线 12、23、34、41，得到截平面 P 与棱台截交线的水平投影，截平面 P 与棱台实际相交部分在截平面 Q_1、Q_2 之间，即 ab、cd。

（3）截平面 Q_1 的水平投影积聚为直线段 $aefd$，其中 ef 为截平面 Q_1 与上底面交线的水平投影，ad 为截平面 Q_1 与截平面 P 交线的水平投影；截平面 Q_2 的水平投影积聚为直线段 $bghc$。

（4）截平面 P、Q_1、Q_2 在侧面投影中均不可见，截平面 P 的侧面投影积聚为直线段 $a''(b'')(c'')d''$，且为虚线；截平面 Q_1、Q_2 的侧面投影 $a''e''f''d''$ 和 $b''g''h''c''$ 重合在一起，且反映实形。

【例 3-6】　如图 3-17 所示，补全带孔的三棱柱的水平投影，求作侧面投影。

分析

（1）三棱柱上的孔是由一个水平面 P 和两个正垂面 Q_1、Q_2 截切而成，三个截平面的正面投影都具有积聚性。该孔也可以看成是由一个三棱柱贯穿而形成的。

（2）截平面 P 与三棱柱的三个棱面及截平面 Q_1、Q_2 都相交，为一个五边形。其水平投影反映实形，但不可见；正面投影和侧面投影都积聚为一条直线段。

（3）截平面 Q_1 与两个棱面及截平面 P、Q_2 相交，为四边形。其正面投影积聚为一直线段，水平投影和侧面投影为四边形。应当注意截平面 Q_1 与左侧棱面的交线为一般位置直线。截平面 Q_2 与截平面 Q_1 左右对称。

（4）三个截平面相交，在三棱柱体内产生三条交线，三条交线的水平投影和侧面投影均不可见。

作图

作图结果见图 3-17(b)。作图步骤如下：

（1）用双点画线补画出未截切的三棱柱的侧面投影。

（2）由于截平面 P、Q_1、Q_2 在正面投影均积聚为直线段，故正面投影已知。p' 为 $a'b'c'(d')(e')$，q_1' 为 $a'f'(g')(e')$，q_2' 为 $f'c'(d')(g')$。

（3）求截平面 P 的水平投影，过 $a'(e')$ 作垂线分别与左、后棱面水平积聚投影交于 a、e，ae 连线不可见，用虚线绘制；过 $c'(d')$ 作垂线分别与右、后棱面水平积聚投影交于 c、d，同理 cd 也是虚线；b 在最前棱线的水平积聚投影上；ab、bc、de 在棱面的水平积聚投影上。P 平

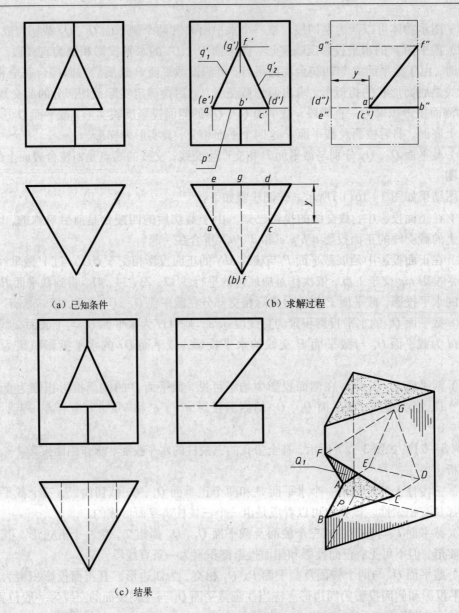

（a）已知条件　　　　　　　　（b）求解过程

（c）结果

图 3 - 17　三棱柱的截切

面的侧面投影积聚为 $a''b''(c'')(d'')e''$。

　　（4）求 Q_1 平面的水平投影，ae 是截平面 P、Q_1 的共有线；过 (g') 作垂线与后棱面积聚投影交于 g，f 在最前棱线的积聚投影上，fg 不可见，用虚线连接；af、ge 在棱面积聚投影上。根据 Q_1 平面的水平投影和正面投影，可分别求得其侧面投影 a''、f''、g''、e''，应特别注意 a'' 的位置，顺序连接各点，其中 $e''a''$ 和 $g''f''$ 为虚线。同理可求出 Q_2 平面的投影。

　　（5）加深截切后三棱柱的轮廓线，得到图 3 - 17（c）所示投影。

　　在此例中，从已知的正面投影可以看出，被截切三棱柱前边的棱线已被截掉一部分，因此，在绘制侧面投影时，需要注意只能画出棱线存在部分的线段。

第4章 曲面立体

4.1 曲面

生活中常常会见到各种各样的曲线和曲面。曲线可以看作是不断改变方向的点连续运动的轨迹；曲面是直线或曲线在一定条件下，在空间连续运动的轨迹。

4.1.1 曲面的形成及分类

曲面有规则曲面和不规则曲面。规则曲面可以看成是由直线或曲线在空间按一定规律运动形成的。形成曲面的动线称为**母线**，如图4-1中的直线 AA_1；约束母线运动的线或平面称为**导线**或**导平面**，如图4-1中的直线 L、曲线 $A_1B_1C_1N_1$ 均为导线；**母线**在曲面上的任意位置称为**素线**，如图4-1中的直线 BB_1、CC_1。母线及约束母线运动的导线、导平面等是形成曲面的基本要素。

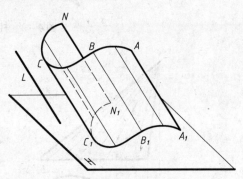

图4-1 曲面的形成

根据母线的形状，曲面可分为：

直纹面 —— 母线是直线；

曲纹面—— 母线是曲线。

根据母线的运动方式，曲面可分为：

回转面——母线绕固定轴回转形成的曲面，若母线为直线则称为直纹回转面（如圆柱面、圆锥面等）、母线为曲线则称为曲纹回转面（如球等）；

非回转面——母线根据一定的约束条件移动而形成的曲面。

4.1.2 常见曲面

1. 柱面

如图4-2所示，直母线 AB 沿一条曲导线，且始终平行于一条直导线 L 运动而形成的曲面称为柱面。

2. 锥面

如图4-3所示，直母线 SA 沿着一条曲导线，且始终经过空间定点 S 运动而形成的曲面称为锥面。

柱面和锥面为可展直纹面。所谓"可展"是指该曲面可以铺平到一个平面上而不发生破裂或皱褶。从几何性质上看，可展直纹面的任意两条素线是位于同一平面内的，即两条相邻素线是平行或相交的。

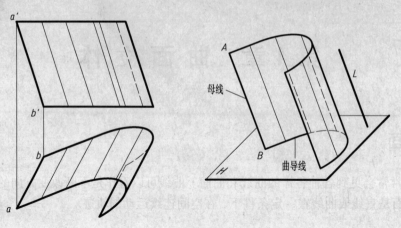

图 4 - 2　柱面的形成及其投影

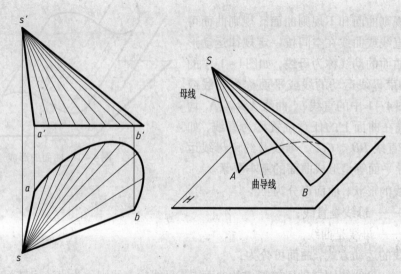

图 4 - 3　锥面的形成及其投影

3. 柱状面

如图 4 - 4 所示，直母线 *AB* 沿着两条曲导线，且始终平行于导平面 *P* 运动而形成的曲面称为柱状面。

4. 锥状面

如图 4 - 5 所示，直母线 *AB* 一端沿着直导线、另一端沿着曲导线，且始终平行于一个导平面运动而形成的曲面称为锥状面。

5. 螺旋面

螺旋面的导线是螺旋线。螺旋线是常见的空间曲线。一个点在圆柱面上匀速旋转一周，同时又沿着轴线的方向作匀速运动，该点的运动轨迹就称为**圆柱螺旋线**。如图 4 - 6 所示，根据点的运动方向可分为**左螺旋线**或**右螺旋线**。动点旋转一周沿轴线上升的高度 h 称作导程，动点每转过 $360°/n$，就上升 h/n 的距离。

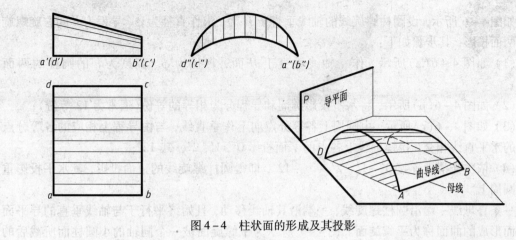

图4-4 柱状面的形成及其投影

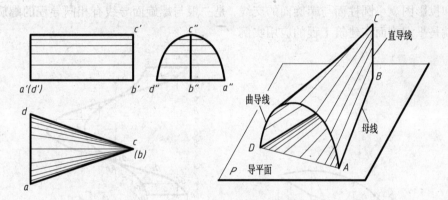

图4-5 锥状面的形成及其投影

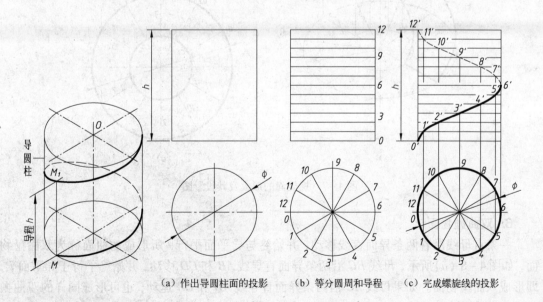

（a）作出导圆柱面的投影　　（b）等分圆周和导程　　（c）完成螺旋线的投影

图4-6 圆柱螺旋线的形成及作图方法

如图 4 – 6 所示，设圆柱螺旋线的轴线垂直于 H 面，求作直径为 ϕ、导程为 h 的右旋螺旋线的两面投影，其步骤如下：

（1）如图 4 – 6（a）所示，作一轴线垂直于 H 面，直径为 ϕ、高度为 h 的圆柱的两面投影；

（2）如图 4 – 6（b）所示，将水平投影圆周和导程分为相等的等份（通常为 12 等份）；

（3）如图 4 – 6（c）所示，由圆周上各等分点向上作垂直线，与由导程上相应的各等分点所作的水平直线相交，得螺旋线上各点的 V 面投影 $0'$，$1'$，$2'$，…，$12'$；

（4）依次光滑地连接 $0' – 1' – 2' – \cdots – 12'$，即得圆柱螺旋线的正面投影，其水平投影重合于圆周上。

一条直母线一端沿圆柱螺旋线，一端沿其轴线移动，且始终平行于与轴线垂直的导平面运动而形成的曲面称为**平螺旋面**。图 4 – 7 所示为平螺旋面被一个同轴的小圆柱面所截后的立体图和投影图。小圆柱面与螺旋面的交线，是一根与螺旋面导线有相同导程的螺旋线。螺旋楼梯就是平螺旋面在建筑工程的应用实例。

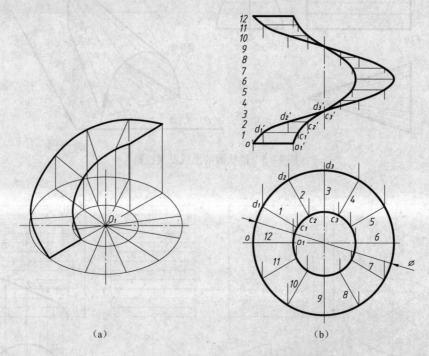

（a）　　　　　　　　　　　　　（b）

图 4 – 7　螺旋面的形成及其投影图

6. 双曲抛物面

一条直母线沿着两条异面直线移动，并始终与导平面平行，所形成的曲面称为双曲抛物面，如图 4 – 8（a）所示，母线 BC 沿两条异面直导线 AB 和 CD 移动，并始终平行于导平面 P，即形成双曲抛物面。如果母线 AB 沿两条异面直导线 AD 和 CB 运动，也可形成同样的双曲抛物面，这时的导平面是 Q。

双曲抛物面广泛应用于建筑工程中，如殿堂、站台屋面、水坝的变形过渡面等。

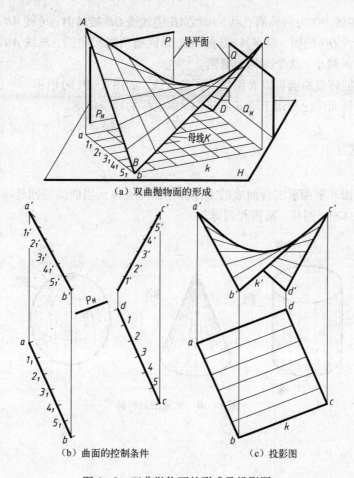

（a）双曲抛物面的形成

（b）曲面的控制条件 （c）投影图

图4-8 双曲抛物面的形成及投影图

7. 单叶回转双曲面

如图4-9所示，一条直母线绕着与它异面的轴线旋转，所形成的曲面称为单叶回转双曲

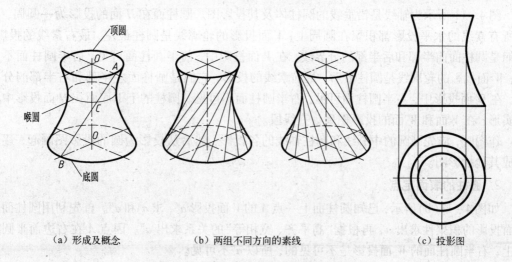

（a）形成及概念 （b）两组不同方向的素线 （c）投影图

图4-9 单叶回转双曲面的形成及投影

面。母线 *AB* 与轴线 *OO* 为两异面直线，母线 *AB* 绕轴线 *OO* 旋转时，母线 *AB* 上各点的运动轨迹都是垂直于轴线 *OO* 的圆，端点 *A*、*B* 的轨迹分别是顶圆和底圆，母线 *AB* 上距轴线 *OO* 最近的点 *C* 形成的圆最小，这个圆称为喉圆。

同一个单叶回转双曲面可以有两组不同的素线，如图 4-9(b)所示。

单叶双曲回转面广泛应用于塔式建筑中，如电厂的冷凝塔等。

4.2　回转体

由曲面或曲面和平面所围合而成的立体称为曲面立体。当曲面是回转面时，就称为回转体。基本的回转体有：圆柱、圆锥和圆球。

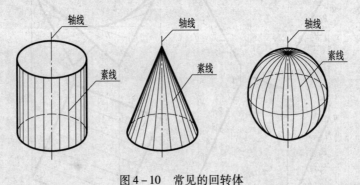

图 4-10　常见的回转体

4.2.1　圆柱

圆柱体是由圆柱面与上、下底面围合而成的。圆柱面可以看作是一条直母线绕着平行于它的轴线回转而成的。圆柱面上任意一条平行于轴线的直线都是素线。

1. 圆柱的投影

图 4-11 所示为轴线是铅垂线的圆柱体及其投影图。圆柱面在 *H* 面的投影为一圆周，其上所有素线的水平投影都积聚在圆周上；*V* 面投影的轮廓线是圆柱最左、最右素线的投影，它们是圆柱面前半部和后半部的分界线，在 *V* 面投影中，前半圆柱面可见，后半圆柱面不可见；*W* 面投影的轮廓线是圆柱最后、最前素线的投影，它们是圆柱面左半部和右半部的分界线，在 *W* 面投影中，左半圆柱面可见，右半圆柱面不可见。圆柱的上下底面在 *H* 面投影中反映实形；在 *V* 面和 *W* 面的投影积聚为直线段。

作图时，应先画圆的中心线和圆柱轴线的各投影，然后从投影为圆的投影图画起，逐步完成其他投影图。

2. 圆柱的表面定点

如图 4-11(b)所示，已知圆柱面上一点 *A* 的 *V* 面投影 *a*′，求 *a* 和 *a*″。首先利用圆柱面的 *H* 面投影的积聚性求出 *a*，再根据"高平齐、宽相等"的关系求出 *a*″。因点 *A* 在右边前半圆柱面上，右半圆柱面的 *W* 面投影是不可见的，所以 *a*″不可见。

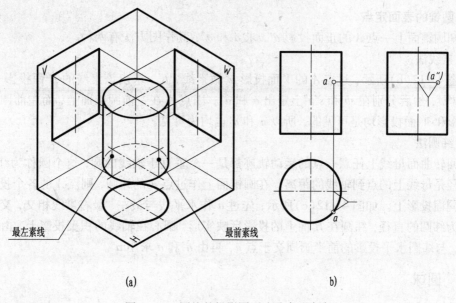

(a)　　　　　　　　　b)

图4-11　圆柱的投影图画法及表面定点

4.2.2　圆锥

圆锥体是由圆锥面和底面围合而成。圆锥面是由一条直母线绕着与它斜交的轴线回转而成。

1. 圆锥的投影

图4-12(a)所示是轴线为铅垂线的正圆锥的投影。锥底是圆且平行于 H 面，其在于 H 面的投影反映实形，在 V 面和 W 面投影积聚为直线段。圆锥面的三个投影都没有积聚性，其 H 面投影与底面投影相重合，全部可见；圆锥面的 V 面投影的轮廓线是圆锥的最左、最右素线的投影；它们是圆锥面前半部和后半部的分界线，在 V 面投影中，前半圆锥面可见，后半圆锥面不可见；圆锥面的 W 面投影的轮廓线是圆锥的最后、最前素线的投影，它们是圆锥面左半部和右半部的分界线，在 W 面投影中，左半圆锥面可见，右半圆锥面不可见。

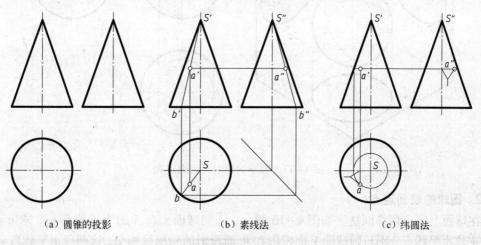

（a）圆锥的投影　　　　　（b）素线法　　　　　（c）纬圆法

图4-12　圆锥的投影及圆锥上点的求法

2. 圆锥的表面定点

已知圆锥面上一点 A 的正面投影 a'，求 a 和 a''，其作图方法有两种。

1）素线法

如图 4-12(b)所示，过点 A 的 V 面投影 a' 做素线 $s'b'$，求出该素线的 H 面投影 sb 和 W 面投影 $s''b''$，然后分别在 sb 和 $s''b''$ 上定出 a 和 a''。因点 A 在左前圆锥面上，而左前圆锥面的 H 面投影和 W 面投影均是可见的，所以 a 和 a'' 也均为可见。

2）纬圆法

在回转曲面母线上任意一点的运动轨迹都是一个垂直于轴线的圆，这个圆称为纬圆。纬圆的半径是母线上的点到轴线的距离。在圆锥面上作过点 A 的纬圆，则点 A 的各个投影必在该圆的同面投影上。如图 4-12(c)所示，先过 a' 作水平线与最左、最右素线相交，交点间的长度即为纬圆的直径，纬圆在 H 面上的投影反映实形，圆心在轴线的积聚投影上，由 a' 向下作垂线，与纬圆水平投影的前半圆周交于点 a，再由 a' 和 a 求出 a''。

4.2.3　圆球

圆球的表面是一条圆母线绕其自身的直径回转而成。

1. 圆球的投影

从图 4-13 中可以看出，圆球的三个投影为等径圆，并且是圆球上三个平行于相应投影面的最大轮廓圆的投影。V 面投影的轮廓圆是前、后两半球面可见与不可见的分界线；H 面投影的轮廓圆是上、下两半球面可见与不可见的分界线；W 面投影的轮廓圆是左、右两半球面可见与不可见的分界线。

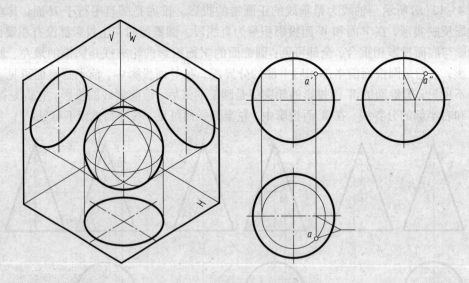

图 4-13　圆球的投影及表面定点

2. 圆球的表面定点

在球面上定点用纬圆法。如图 4-13 所示，已知球面上点 A 的 V 面投影 a'，求 a 和 a''。可过 a' 作水平线，分别与圆球的 V 面投影和 W 面投影的轮廓线相交，这两段水平线段分别是点 A 所在纬圆的 V 面投影和 W 面投影。然后以其中一段水平线段的长度为直径，以圆球水平投影圆的圆心为圆心，画出反映纬圆实形的水平投影圆。根据点的投影规律，分别在纬圆的 H 面投影和 W 面投影上确定 a 和 a″。从点 A 的 V 面投影可以看出，点 A 在右边前半球上方，因而 a 是可见的，a″则不可见。

4.3 回转体的截切

平面截切回转体产生的截交线，其形状在一般情况下是平面曲线或平面曲线与直线的组合。

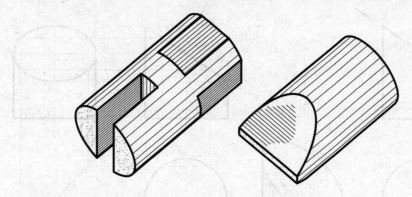

图 4－14 被截切的曲面立体

截交线是截平面和回转体表面的共有线。当截平面垂直于某一投影面时，截平面在该投影面上的投影有积聚性，则截交线在该投影面上的投影就在截平面的积聚投影上。即已知截交线的一个投影，其他两投影则可利用回转体表面定点的方法求得。

4.3.1 圆柱的截交线

根据截平面与圆柱轴线的相对位置不同，圆柱的截交线有圆、矩形和椭圆三种情况，如表 4－1 所示。

表 4－1 圆柱的截交线

截平面位置	垂直于轴线	平行于轴线	倾斜于轴线
截交线名称	圆	矩形	椭圆
投影图及立体图			

【例 4-1】 如图 4-15(a)所示，求作圆柱被正垂面截切后的侧面投影。

分析

如图 4-15(a)所示，由于截平面 P 与圆柱斜交，故截交线是个椭圆。椭圆的长轴 AB 为正平线，其端点 A、B 是圆柱面最左和最右的素线与平面 P 的交点。短轴 CD 则为过 AB 中点的正垂线，长度等于圆柱的直径。该椭圆的正投影在平面 P 的正面积聚投影上，水平投影在圆周上，侧面投影仍为椭圆，但不反映实形。

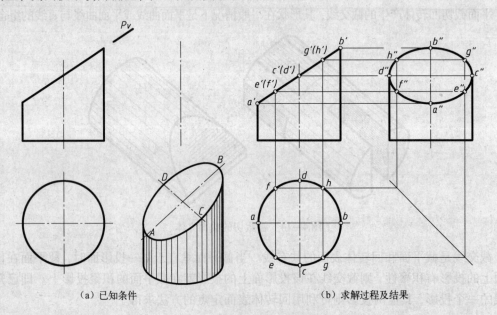

（a）已知条件　　　　　　（b）求解过程及结果

图 4-15　圆柱被一个平面截切

作图

（1）求特殊点：如图 4-15(b)所示，首先确定椭圆的长、短轴的端点 A、B 和 C、D 的正面投影 a'、b' 和 $c'(d')$ 及侧面投影 a''、b'' 和 c''、d''，它们决定了截交线投影的范围；

（2）求一般点：为了准确地画出椭圆的侧面投影，还应再定出若干一般位置点，利用圆柱表面定点的方法，求出与 $e'(f')$ 和 $g'(h')$ 对应的侧面投影 e''、f''、g''、h''（也可以适当再取一些一般点）；

（3）依次光滑连接各点，即得截交线的侧面投影；

（4）加深轮廓线的投影。

【例 4-2】 如图 4-16(a)所示，求圆柱被截切后的水平投影。

分析

如图 4-16(b)所示，圆柱分别被正垂面 P、水平面 Q 和侧平面 R 截切，截交线应由三个部分所组成。正垂面 P 截圆柱，其截交线是椭圆的一部分，此椭圆的 V 面投影为直线段，W 面的投影在圆周上，H 面投影为椭圆；被水平面 Q 截切，其截交线是圆柱面上的两条素线；被侧平面 R 截切，其截交线是一段圆弧。相邻两截平面相交产生交线，交线的端点是相应两截交线上的共有点。

作图

（1）求特殊点：如图 4 - 16(b)所示。

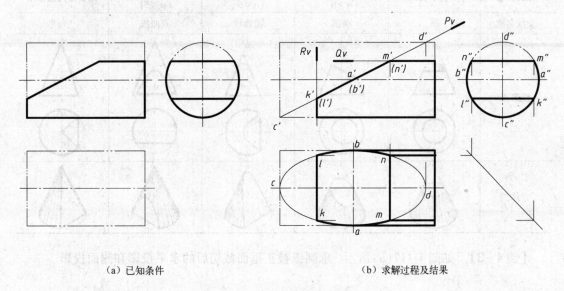

（a）已知条件　　　　　　　　　（b）求解过程及结果

图 4 - 16　圆柱被多个平面截切

① 求轮廓线上的点：为了作图简便，延长 PV 与圆柱的轮廓素线相交，先求出完整的椭圆，从投影中可以看出，椭圆的长、短轴端点的正面投影为 d'、c'、a'、b'，按投影规律在其相应的素线上找到它们的水平投影 d、c、a、b；

② 求两截平面 P、Q 的交线端点 M、N 的投影：正垂面与水平面的交线是正垂线，所以在正面投影中，m'、(n')重影在一起，侧面投影中 m"、n"在圆周上，根据投影规律求出其水平投影 m、n；

③ 求两截平面 P、R 的交线端点 K、L 的投影：正垂面与侧平面的交线也是正垂线，k'、(l')重影在一起，k"、l"在圆周上，根据投影规律求出其水平投影 k、l；

（2）求一般点。为了较准确地画出椭圆，可在 m'和 k'之间取一些点，按照圆柱表面定点的方法找到其水平投影（图中省略）；

（3）画截交线：在水平投影图中，光滑连接上述各点，成一椭圆，两条截平面交线 LK、MN 之间的椭圆弧为截平面 P 与圆柱的截交线部分；过 m、n 向右画两条素线，为截平面 Q 与圆柱交线的水平投影；lk 为截平面 R 与圆柱截交线的水平投影；

（4）整理图形：加深截交线及轮廓线。从正面投影可以看出截交线的水平投影都是可见的。圆柱的最前、最后轮廓素线的 H 面投影只能从右向左画到 a、b 处。

4.2.2　圆锥的截交线

圆锥面被平面截切，根据截平面的位置不同，圆锥面截交线有圆、椭圆、抛物线、双曲线和两条相交直线五种情况，如表 4 - 2 所示，表中的 α 表示截平面与轴线的夹角，β 表示圆锥的半顶角。

表4-2　圆锥的截交线

截面位置	垂直于轴线	与轴斜交 ($\alpha > \beta$)	平行于一条素线 ($\alpha = \beta$)	与轴平行或倾斜 ($\alpha < \beta$)	截平面通过锥顶
交线名称	圆	椭圆	抛物线	双曲线	三角形
投影图					
立体图					

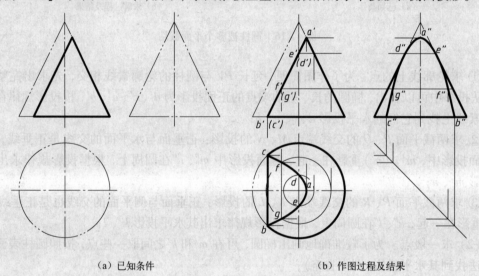

【例4-3】　如图4-17(a)所示，求圆锥被正垂面截切后的水平投影和侧面投影。

（a）已知条件　　　　　　　　（b）作图过程及结果

图4-17　被正垂面截切后圆锥的画法

分析

如图4-17(a)所示，截平面平行于圆锥的最左素线，其与圆锥面截交线的空间形状是抛物线，截平面与圆锥底面的交线为直线段，故截交线是由抛物线和直线段构成的。由于截平面的为正垂面，故截交线的 V 面投影在截平面的积聚投影上，即截交线的正面投影已知。截交线为圆锥表面上的线，因此通过表面定点即可求出截交线的另外两个投影。

作图

作图过程及结果如图4-17(b)所示，步骤如下。

（1）求特殊点：最高点 A 在最右素线上，最低点 B 和 C 在底面圆周上，E、D 两点分别为圆锥最前、最后素线上的点，根据各点的正面投影可以确定其水平投影和侧面投影。

（2）求一般点：在截交线的正面投影中选取一般点 f'、(g')，图中用纬圆法求得其水平投

影 f、g 和侧面投影 f''、g''。一般点的个数可根据点的疏密情况确定；

（3）画截交线：将各点的同面投影依次光滑地连接起来，并判断可见性，即可得所求截交线的投影；

（4）整理图形：加深截交线及存在的轮廓线。

4.3.3　圆球的截交线

平面截切圆球时，截交线的空间形状总是圆。根据截平面对投影面的位置不同，圆球的截交线的投影可能是反映其实形的圆，也可能是椭圆，或积聚成直线段。

如图 4-18(a)所示，圆球被水平面截切，截交线在 V 面投影和 W 面投影中均为直线段，H 面投影反映了该截交线的实形——圆，该圆的直径等于 V 面投影中的直线段的长度。图 4-18(b)是一个被正垂面截切的圆球。截交线在空间是一个圆，但由于正垂面倾斜于 H 面和 W 面，所以在 H 面和 W 面上的投影为椭圆。

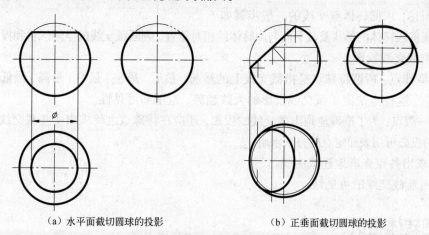

（a）水平面截切圆球的投影　　　　　　　（b）正垂面截切圆球的投影

图 4-18　不同位置截平面截切后圆球的投影

【例 4-4】　如图 4-19(a)所示，在半球体上开了一个槽，补画其他两个投影。

分析

此槽可看成是两个侧平面和一个水平面截切半球体而成。所得的截交线都是圆的一部分。侧平面截切所得的截交线在 W 面投影中反映实形，其 H 面投影为一条直线段；水平面截切所得的截交线在 H 面投影中反映实形，其 W 面投影为直线段。注意相邻两截平面的交线的侧面投影不可见。

作图

作图过程及结果如图 4-19(b)所示，步骤如下。

（1）求侧平面与圆球的截交线：截交线的侧面投影是一段圆弧 $a''b''$ 和 $c''d''$。水平投影积聚成直线。

（2）求水平面与圆球的截交线：截交线的水平投影是圆弧 bfd 和 aec；侧面投影积聚在 $b''f''(d'')$ 和 $a''e''(c'')$。

（3）侧平面与水平面的交线：两截平面的交线是正垂线，在水平投影中反映实长，其侧面投影不可见。

（4）加深存在轮廓线。

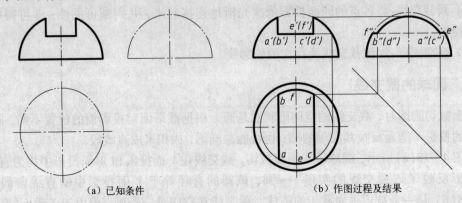

（a）已知条件　　　　　　　　　（b）作图过程及结果

图 4-19　带切口半圆球的画法

综上所述，求回转体截交线的一般步骤如下。

（1）根据回转体的形状及截平面与回转体的相对位置，判断截交线的空间形状和投影特性。

（2）求截交线投影。

① 求特殊点：所谓特殊点是指截交线上的最前、最后、最左、最右、最高、最低的点及轮廓线上的点，这些点决定了截交线投影的大致趋势、范围和可见性。

② 求一般点：为了准确地画出截交线的投影，还应在特殊点之间求出一些截交线上的一般点。一般的投影可用表面定点的方法求出。

③ 将求出各点光滑地连成曲线。

（3）判断截交线的可见性。

4.4　回转体相贯

两回转体相交称为相贯，其表面的交线称为相贯线。相贯线是两回转体表面的共有线。在一般情况下，相贯线是封闭的空间曲线，在特殊情况下也可以是平面曲线或直线，如图4-20所示。相贯线的形状不仅取决于相交两回转体的几何形状，而且与它们的相对位置有关。

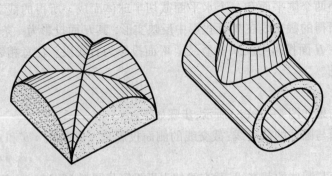

图 4-20　两曲面立体相贯

4.4.1　相贯线的作图方法

由于相贯线是参与相贯的两回转体表面上共有点的集合，因此，求相贯线的作图方法可归结为求两曲面共有点的问题。求共有点的方法一般有表面定点法和辅助平面法。

1. 表面定点法

当参与相贯的两回转体中有一个的回转面在某一投影面上的投影具有积聚性时，相贯线的投影也在该回转面的投影中，即已知相贯线的一个或两个投影，利用表面定点的作图方法，作出相贯线上一系列点的另一个投影，依次用曲线光滑连接各点，即为所求的相贯线的投影。

【**例4-5**】 求图4-21(a)所示两圆柱的相贯线的投影。

分析

由图4-21(a)可知，两圆柱的轴线垂直相交，相贯线为一封闭的空间曲线，且前后左右对称。直立圆柱面的水平投影有积聚性，水平圆柱面的侧面投影有积聚性。由于相贯线是两圆柱面上共有点的集合，所以相贯线的水平投影在直立圆柱面的水平投影圆上，侧面投影在水平圆柱面的侧面投影上，均为一段圆弧。即相贯线的水平和侧面投影均为已知，根据这两个投影，利用表面定点的作图方法，即可作出相贯线的正面投影。

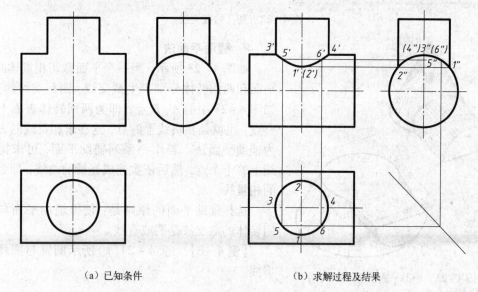

（a）已知条件　　　　　　（b）求解过程及结果

图4-21　两圆柱相贯，相贯线的求法

作图

作图步骤如下。

(1) 求特殊点：由图4-21(b)可以看出，相贯线上最前、最后点Ⅰ、Ⅱ的水平投影1、2在直立圆柱面最前、最后的素线上，其侧面投影是直立圆柱面最前、最后素线与水平圆柱面的交点1″、2″，由1、2和1″、2″可求得1′、2′，其中2′不可见，同时，点Ⅰ、Ⅱ也是相贯线上的最低点。正面投影中两圆柱面转向轮廓素线的交点3′、4′及其水平投影3、4和侧面投影3″、4″可直接作出，点Ⅲ、Ⅳ是相贯线上的最高点，也是相贯线上的最左、最右点。

(2) 求一般点：在直立圆柱的水平投影圆上取点5、6，侧面投影5″(6″)在水平圆柱面的侧面投影圆上，由5、6和5″(6″)可求得5′、6′。

(3) 连接曲线：依次连接3′、5′、1′、6′、4′各点，即为相贯线的正面投影。因两相贯立体前后对称，故相贯线也是前后对称，所以可见与不可见部分重影为一段曲线。

图4-22(a)所示图的是在圆柱上打了一个圆孔，所产生的相贯线的投影。图4-22(b)

所示的图是在圆筒上打了一个圆孔，所产生的相贯线的投影。对于这些情况，相贯线的投影和求法都是相同的，不同的是由于结构上的变化，物体的投影会有所不同。

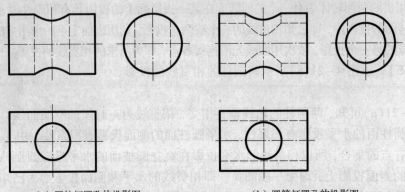

（a）圆柱打圆孔的投影图　　　　　　　　　（b）圆筒打圆孔的投影图

图 4-22　圆孔的截交线

2. 辅助平面法

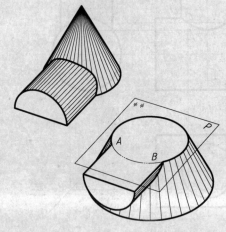

图 4-23　辅助平面法基本原理图

如图 4-23 所示，当一个平面截切相贯体时，截平面和两回转体分别产生截交线，两截交线的交点，如图 4-23 中的 A、B 点，即为两回转体表面上的共有点，也就是相贯线上的点，这种求相贯线的方法称为辅助平面法。若作一系列辅助平面，可求得相贯线上若干个点，然后依次连成光滑的曲线，即为所求的相贯线。

选择辅助平面的原则是：使得辅助平面与两个回转体的截交线是圆或直线。

【例 4-6】　求 4-24(a) 所示圆锥与圆柱的相贯线。

分析

圆柱与圆锥正交相贯，其相贯线为两个封闭的空间曲线，且形状完全一样。圆柱的轴线垂直于 W 面，其侧面投影具有积聚性，相贯线的侧面投影在圆周上。要求相贯线的正面投影和水平投影，可作平行于 H 面的辅助平面 P，该平面与圆锥相交，截交线是圆，与圆柱相交，截交线是两条素线。截交线的交点也就是相贯线上的点。

作图

作图步骤如下。

（1）求特殊点：如图 4-24(a) 所示。

① 点 $1'$、$2'$、$3'$、$4'$ 是两曲面立体正面投影轮廓线上的交点，也是相贯线上的最高、最低点的正面投影，可用素线法直接求出。

② 过圆柱轴线，作辅助水平面 P，其正面投影为 PV，在侧面投影中可看出，其与圆柱最前、最后轮廓线的交点投影为 $5''$（$6''$）、7（$8''$），该平面与圆锥的截交线的水平投影是圆，直径是正面投影中辅助平面 PV 与圆锥两轮廓线交点之间的距离，水平投影中截交线的圆与圆柱最前、最后轮廓线交于 5、6、7、8，由此可求得正面投影中 PV 上的 $5'$（$7'$）、$6'$（$8'$）。

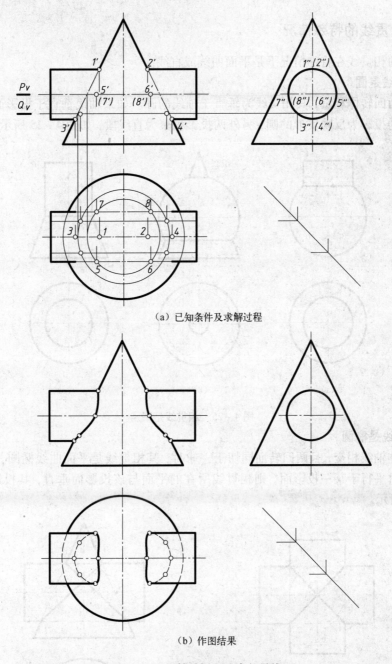

（a）已知条件及求解过程

（b）作图结果

图4-24 用辅助平面法求相贯线

（2）求中间点：可作一系列的平行于 H 面的辅助面，如平面 Q，分别求出平面与圆锥和圆柱的截交线，得到两交线的交点，并求出它们的正面投影。

（3）将点依次连接成光滑曲线，即为所求相贯线的正面及水平投影。由于相贯线在空间是前后对称的，所以其正面投影前后重合在一起。在水平投影中，由于上半圆柱面可见，因此位于其上的相贯线可见，下半圆柱面的相贯线不可见。

（4）整理图形：两回转体的轮廓素线应连接到相贯线上，如图4-24（b）所示。

4.4.2　相贯线的特殊情况

回转体的相贯线在特殊情况下是平面曲线或直线。

1. 相贯线是圆

同轴的两回转体相贯，其相贯线为垂直于轴线的圆。如果轴线垂直于投影面，相贯线在该投影面上的投影为反映实形的圆，另外两投影积聚为直线段，如图4-25所示。

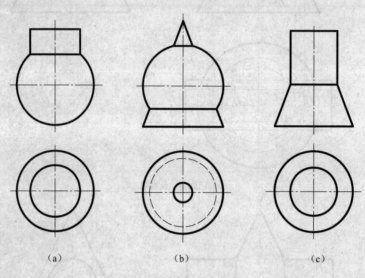

（a）　　　　　　　　　（b）　　　　　　　　　（c）

图4-25　相贯线是圆

2. 相贯线是椭圆

两回转体轴线相交，且两回转面同切于一球时，其相贯线是平面曲线椭圆，若此两回转体的轴线同时平行于某一投影面，则相贯线所在的平面与该投影面垂直，其投影为直线段，如图4-26所示。

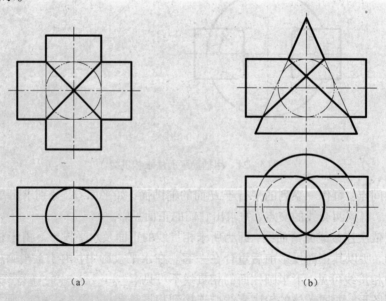

（a）　　　　　　　　　　　　　　（b）

图4-26　相贯线是椭圆

3. 相贯线是直线

当相贯两圆柱的轴线平行或相贯两圆锥共一顶点时，相贯线是直线。如图 4-27 所示。

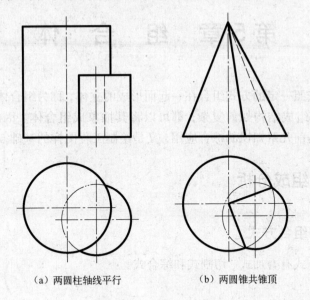

（a）两圆柱轴线平行   （b）两圆锥共锥顶

图 4-27 相贯线的直线

第5章 组合体

由基本几何体按照一定的方式组合在一起而形成的立体,称为组合体。一般的机械零件或工程构件,不管其组成结构如何复杂,都可以将其抽象成组合体。因此,组合体的画图、读图和尺寸标注既是前几章知识的综合应用,又是绘制工程图样的基础。

5.1 组合体的组成分析

5.1.1 组合体的组合方式

组合体的组合方式有叠加式、切割式和综合式。

1. 叠加式

叠加式指组合体是由若干基本几何体叠加形成的。如图5-1所示组合体就是由四棱柱Ⅰ、四棱柱Ⅱ和半圆柱Ⅲ叠加而成的。

2. 切割式

切割式又称为挖切式,指组合体是由基本几何体被切去若干部分后形成的。如图5-2所示物体,可以看作是由四棱柱被切去三棱柱Ⅰ和四棱柱Ⅱ后形成的。

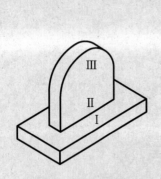
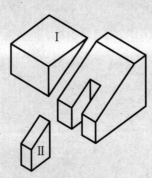
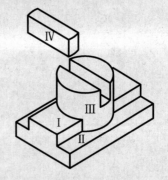

图5-1 叠加式组合体　　　图5-2 切割式组合体　　　图5-3 综合式组合体

3. 综合式

综合式是指在由基本几何体形成组合体时兼有叠加、切割或相贯中两种以上的组合方式,这样形成的组合体称为综合式组合体。如图5-3所示,该组合体可以看作是由四棱柱Ⅰ、四棱柱Ⅱ叠加后,与圆柱Ⅲ相贯,再挖去形体Ⅳ而形成的。

5.1.2 组合体中的表面连接关系

构成组合体的各形体之间相邻表面的连接关系可以分为共面、相切和相交三种,以下依次分析其各自的投影特点。

1. 共面

组合体相邻立体的表面平齐，即为共面。在投影图中，相互共面的表面没有图线隔开，如图 5-4 所示。

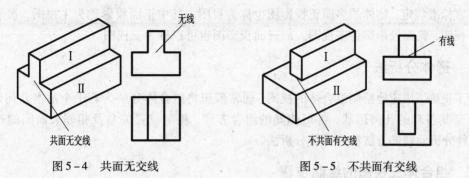

图 5-4 共面无交线   图 5-5 不共面有交线

组合体相邻立体的表面不平齐，即不共面。在投影图中，相互不共面的表面应有图线隔开，如图 5-5 所示。

2. 相交

组合体中相邻立体的表面相交则有交线。在投影图中，应画出交线的投影，如图 5-6 所示。

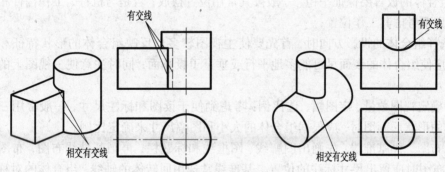

图 5-6 相交有交线

3. 相切

组合体相邻立体的表面光滑过渡，即为相切。在投影图中，相切处规定不画线，如图 5-7 所示。

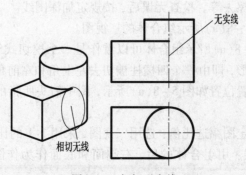

图 5-7 相切无交线

5.2 组合体三视图的绘制

国家标准规定，物体的多面正投影图也称为视图。其中正面投影称为主视图，水平投影称为俯视图，侧面投影称为左视图。故三面投影图也可以称为三视图。

5.2.1 形体分析法

为了正确、快速地绘制组合体的视图，通常假想将组合体分解为若干个基本几何体，并逐一确定其各自的几何形状，各形体间的组合方式、相对位置关系及相邻表面间的连接关系，这种分析问题的方法称为形体分析法。

5.2.2 组合体三视图的绘制步骤

画组合体三视图时，一般按照下面的步骤进行。

（1）对组合体进行形体分析。

（2）选择主视图：选择主视图要解决两个问题，一个是确定组合体的摆放位置，另一个是确定组合体的投影方向。其确定原则是：

① 组合体的放置要保证平稳，一般按其常用位置摆放，若是与机件、工程构件相对应的组合体，则要考虑其工作位置；

② 选择组合体的投影方向时，首先要使主视图较多地反映组合体的形状特征和位置特征，其次应使组合体的表面尽可能多地平行或垂直于投影面；同时注意使三视图上的虚线尽量少。

（3）确定视图数量、定图幅、选比例：考虑到便于读图和标注尺寸，一般常用三视图来表示物体的形状。画图时，应根据组合体的大小和图幅尺寸来确定比例。

（4）布图、画基准线：先画出图幅线、图框线和标题栏，再画基准线布图，布图以均匀为原则，布图时应留出尺寸标注的位置。基准线常选用回转体的轴线、组合体的对称面及其重要的底面和端面。

（5）画底稿：一般按照先主后次，先大后小，先可见后不可见，先主体后细节的顺序，并按其相对位置关系，逐个画出它们的投影。

（6）检查、加深图线：检查各基本几何体是否有漏画，投影关系是否正确；表面交线是否正确；多余图线是否被擦去等。检查无误后，按规定加深图线。

【例5-1】 绘制图5-8(a)所示组合体的三视图。

（1）形体分析：图5-8(a)所示组合体可以看作是一个挖切式组合体，可将其组合方式分析成图5-8(b)所示图形，即由一个四棱柱被切去左上角和左前角后形成的。

（2）选择主视图：放置位置如图5-8(a)所示，图中箭头所指的 A 向作为主视图的投影方向。

（3）确定视图数量、定图幅选比例：选用三视图，采用1:1的比例。

（4）布图、画基准线：用组合体的后、右端面和底面作为作图基准线，如图5-9(a)所示。

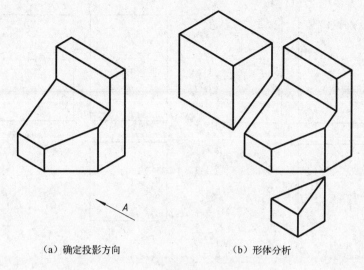

(a) 确定投影方向　　　　　(b) 形体分析

图 5-8　组合体的形体分析

（5）画底稿：对于挖切式组合体，画图时先画基本几何体未截切前的投影，再依次画出挖切时产生的截交线的投影，如图 5-9（b）~（e）所示。为了快速、准确地画一个组合体的视图，各部分尽量按投影规律同时完成其三视图。

（6）检查、加深图线：重点检查各截交线的投影。检查无误后，按要求加深，如图 5-9（e）所示。

【例 5-2】　绘制图 5-10（a）所示轴承座的三视图。

（1）形体分析：如图 5-10（b）所示，该轴承座可看作是综合式的组合体，假想将轴承座分为五部分，即底板 I、支撑板 II、肋板 III、套筒 IV（空心圆柱）和凸台 V（空心圆柱）。其中底板 I 前端左、右两侧为圆角，下端居中被挖去一小四棱柱，前端左右两侧对称地挖去两个小圆柱。

整个轴承座左右对称。底板 I、支撑板 II 和套筒 IV 后端共面叠加；肋板 III 居中叠加在底板 I 上，其后端面紧靠支撑板 II 的前端面。支撑板 II 的左右两侧面与套筒 IV 的外圆柱面相切，肋板 III 的左、右两侧面和前端与套筒 IV 的外圆柱面都相交，有交线。套筒 IV 和凸台 V 的内外圆柱面分别相贯，内外各有一条相贯线。

（2）选择主视图：放置位置如图 5-10（a）所示，图中箭头所指的 A 向作为主视图的投影方向。

（3）确定视图数量、定图幅、选比例：选择三视图，比例为 1:1。

（4）布图、画基准线：如图 5-11（a）所示，轴承座的左右对称面、套筒 IV 的轴线和底板 I 的底面和后端面的投影，作为轴承座三视图的作图基准线。

（5）画底稿：绘制主体部分，包括底板、套筒的三视图，如图 5-11（b）所示，绘制支撑板和肋板的三视图，注意肋板表面和套筒表面交线的画法，支撑板左右侧面和套筒表面相切处不画线，如图 5-11（c）所示，绘制凸台及其与套筒内外表面的相贯线的投影，如图 5-11（d）所示。

（6）检查、加深图线：重点检查各形体相邻表面之间连接关系的投影。检查无误后，按要求加深，得图 5-11（e）。

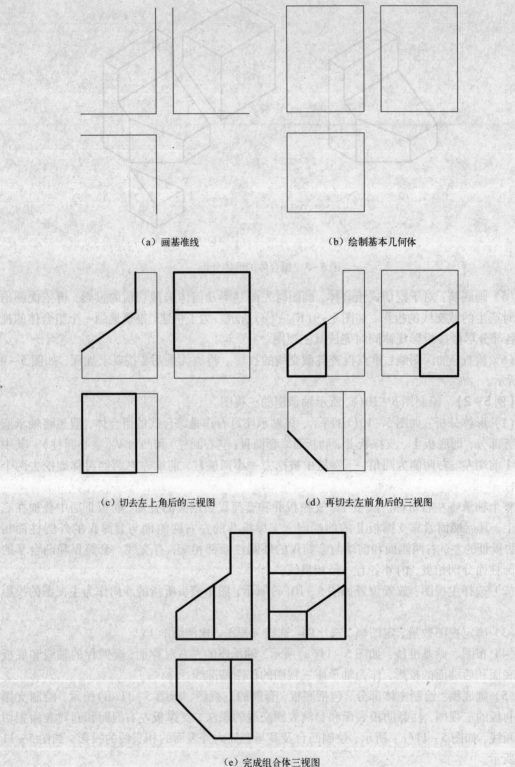

　　　　　(a) 画基准线　　　　　　　　　(b) 绘制基本几何体

　　(c) 切去左上角后的三视图　　　(d) 再切去左前角后的三视图

　　　　　　　(e) 完成组合体三视图

图 5-9　组合体三视图的画图步骤

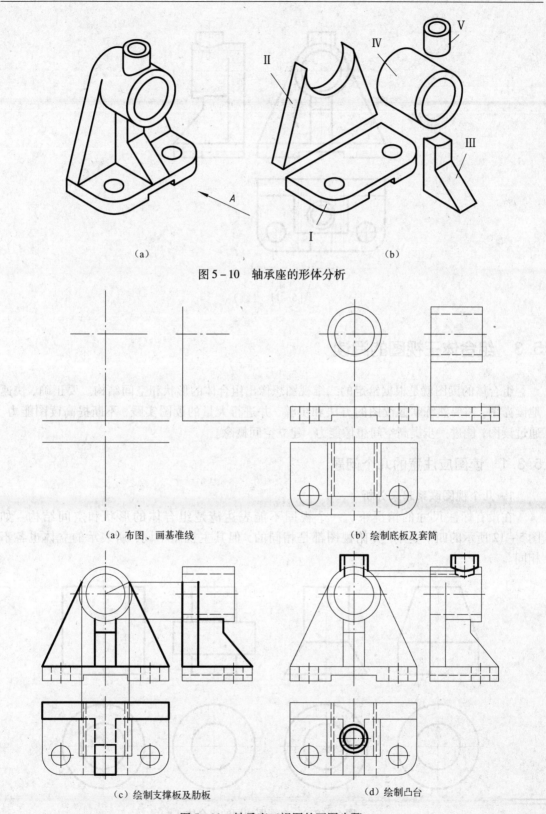

（a）　　　　　　　　　　　　　　　　　（b）

图 5－10　轴承座的形体分析

（a）布图、画基准线　　　　　　　　　　（b）绘制底板及套筒

（c）绘制支撑板及肋板　　　　　　　　　（d）绘制凸台

图 5－11　轴承座三视图的画图步骤

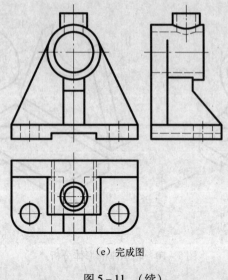

（e）完成图

图 5-11　（续）

5.3　组合体三视图的阅读

　　组合体的读图就是根据给定的二维视图想像出组合体的形状和空间结构。要正确、快速地读懂图，需要熟练掌握读图的方法和步骤，并进行大量的读图实践，不断提高读图能力。通过读图，能进一步提高空间想像能力，建立空间概念。

5.3.1　读图应注意的几个问题

1. 几个视图联系起来分析

　　在没有标注尺寸的情况下，一个视图不能表达清楚组合体的形状和空间结构。如图 5-12 所示的四个立体，其俯视图都是相同的，但其主视图不同，所表示的立体也各不相同。

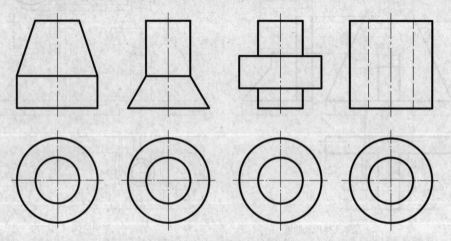

图 5-12　一个视图相同的组合体

已知组合体的两个视图，有时也不能唯一确定组合体的形状和空间结构。如图 5 – 13 所示三个组合体的主视图和俯视图完全相同，但左视图不同，所表达的组合体也不同，这三个形体是在四棱柱的左前上方分别切去一个小四棱柱、三棱柱和四分之一圆柱后形成的。

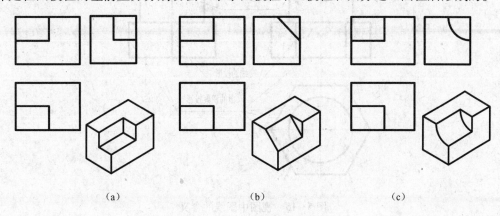

(a)   (b)   (c)

图 5 – 13　两个视图相同的组合体

2. 从有特征的视图入手

一般来说主视图最能反映组合体的形状和结构特征，因此读图时常常从主视图入手。但由于组合体的结构形式多种多样，复杂多变，组成组合体的各基本几何体的形状特征往往很难集中在某一个视图中，而是分布在多个视图中。因此，在读图时，应该善于找出反映组合体中各基本几何体的形状特征和位置特征较多的视图，从它入手，并结合其他视图阅读，以便更准确、快速地把组合体的形状和结构想像出来。

例如：图 5 – 14(b) 所示的组合体的三视图 5 – 14(a) 中，主视图反映了形体 Ⅰ 的形状特征，俯视图反映形体 Ⅱ 的形状特征，形体 Ⅲ 的 L 型部分的形状特征反映在主视图中而其上长圆孔的形状特征反映在俯视图中。位置特征主要反映在主视图和俯视图中。

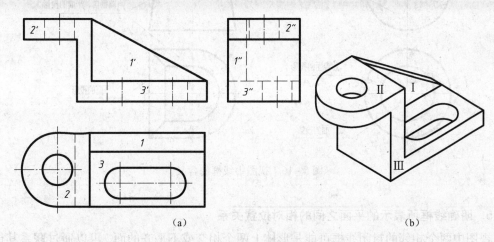

(a)   (b)

图 5 – 14　从有特征的视图入手读图

3. 明确视图中"图线"的含义

视图中每一条图线都有一定的含义，图线的含义可能是：回转体轮廓素线的投影、回转轴线的投影、两平面交线的投影、平面或曲面的积聚投影等，如图 5 – 15 所示。

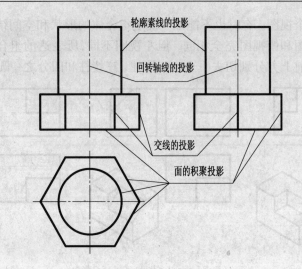

图 5 – 15　视图中图线的含义

4. 明确视图中"线框"的含义

在视图中，常常将封闭的平面图形称作线框，线框的含义可能是形体上一个平面或曲面的投影、两个或两个以上表面光滑连接而成的复合面的投影或形体上孔的投影，如图 5 – 16 所示。

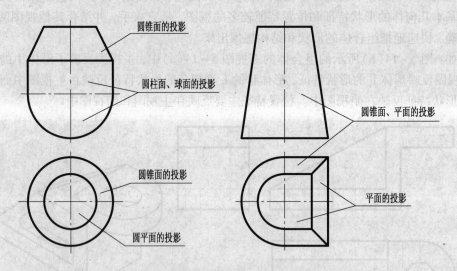

图 5 – 16　视图中线框的含义

5. 明确线框所表示的平面之间的相对位置关系

视图中两个相邻的封闭线框可能是形体上两个相交或不平齐的面，可以通过联系其他视图分析出线框之间的相对位置关系，如图 5 – 17 中主视图上的四个线框，通过分析其与俯视图的对应关系，即可明确四个线框所表示的平面是不平齐的，前后关系如图 5 – 17 所示。而处于线框包围中的线框则可能表示凸起的面或凹下的面，也可能表示通孔。

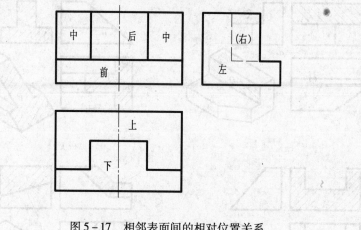

图 5 - 17　相邻表面间的相对位置关系

5.3.2　组合体读图的方法和步骤

1. 组合体的读图方法

组合体的读图方法包括形体分析法和线面分析法。

1）形体分析法

形体分析法是根据组合体视图反映的投影特征，识别构成组合体的各基本几何体的形状，确定它们之间的相对位置和表面连接关系，最后综合想像出组合体的结构和形状的方法。形体分析法是阅读组合体视图的基本方法。

2）线面分析法

组合体读图时，对于一些较复杂的组合体，尤其是挖切式的组合体，在形体分析的基础上，对于局部较难看懂的部位，常需运用线面分析法进一步分析。

线面分析法是运用线、面的投影特性，分析视图中图线和线框的含义和相对位置，从而确定线、面的空间位置的读图方法。若想熟练运用线面分析法读图，需要熟练掌握各种位置直线和平面的空间性质和投影特性，尤其是特殊位置直线、平面的投影特性。

例如，在图 5 - 18（a）的三视图中，根据长对正、高平齐、宽相等的投影规律，在与主视图线框 o' 的长度、高度相对应的范围内，在俯视图和左视图中找出对应的投影是积聚为直线段的 o 和 o''，结合平面的投影特性，即可知该线框 o' 和直线 o、o''，在空间表示的是一个正平面 O。同理，在图 5 - 18（b）、（c）、（d）的三视图中，线框 p、p''，线框 q、q' 和线框 r、r'、r'' 分别表示一个正垂面 P、一个侧垂面 Q 和一个一般位置平面 R。在图 5 - 18（d）的三视图中，直线 l 对应的其他两个投影分别是直线 l' 和 l''，结合直线的投影特性，即可知它们表示一条一般位置直线 L。

2. 组合体读图的步骤

1）看视图、抓特征，初识形体

根据给定的视图，找出反映物体特征较多的视图，进行初步的投影分析和空间分析，对物体有个大概的了解，如组合体的组合方式、各形体之间的相对位置及形体相邻表面之间的连接关系，组合体是否对称等。

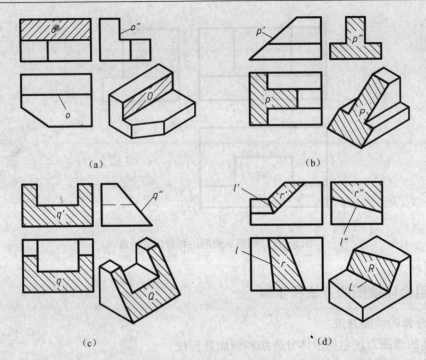

图 5-18　线面分析法读图

2）分线框、对投影，识形体

分线框：从特征视图入手，将该视图划分为若干个线框。

对投影：利用"三等"关系，找出每一线框对应的其他投影，想像出它们各形体的形状。

3）综合起来想整体

在看懂每部分形体的基础上，进一步分析它们之间的组合方式、相对位置关系及相邻表面间的连接关系，从而想像出整体的形状。

4）检查、校对

把想像出来的组合体的形状和空间结构与给定的视图对比，直到二者相符合。

运用上述形体分析方法可以读懂一般组合体的视图，但对于一些较复杂的组合体，特别是切割式的组合体，还需采用线面分析法作进一步的分析。

【例 5-3】　根据图 5-19 所示组合体的三视图，想像组合体的形状和结构。

读图步骤如下。

（1）看视图、抓特征，初识形体。根据给出的三视图，可以看出该组合体是综合式，由三部分叠加而成（左右对称的形体按一部分考虑），且组合体左右对称，三部分的形状特征没有集中在一个视图中。

（2）分线框、对投影，识形体。如图 5-20 所示，从主视图入手将视图划分为Ⅰ、Ⅱ、Ⅲ三个部分。根据长对正、高平齐、宽相等的投影规律，可以确定每个线框对应的另两个视图。根据柱体的投影特点可知，Ⅰ、Ⅱ、Ⅲ各部分均为柱体，而且在柱体Ⅰ的前部左右对称地挖去两个圆柱体。对于Ⅰ部分，其左视图反映柱体的底面实形，因此从左视图出发，结合其他视图进行分析；对于Ⅱ、Ⅲ部分，其主视图反映柱体的底面实形，所以从主视图出发，结合其他视图进行分析，各部分的形状分别见图 5-20(a)、(b)、(c)。

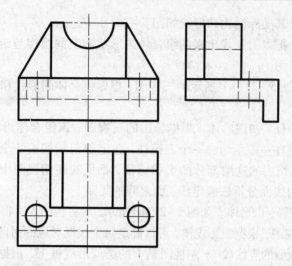

图 5-19 组合体的三视图

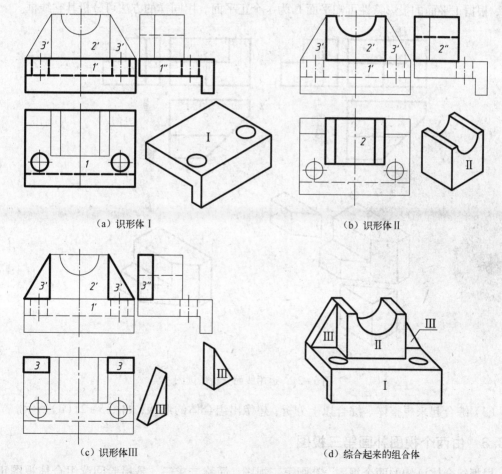

（a）识形体 I

（b）识形体 II

（c）识形体 III

（d）综合起来的组合体

图 5-20 组合体读图

（3）综合起来想整体。从图 5-19 的主视图可以看出，I 位于组合体的最下端，II 在 I 的上方中间，III 在 I 的上方两侧，且左右两端面紧靠 II 的右、左两端面，I、II、III 的后端面共面,综合起来想像出其实际结构和形状如图5-20(d)所示。

(4)检查、校对。把以上想像出来的组合体的形状和空间结构与给定的视图对比,直到二者相符合,即完成看图。

【例5-4】 根据图5-21(a)所示的三视图,想像组合体的形状和空间结构。

读图步骤如下。

(1)看视图、抓特征,初识形体。根据给出的三视图,该组合体可以看作是一个挖切式组合体,由一个四棱柱在左前角切去一个三棱柱,在上部前端切去一个四棱柱后形成的,如图5-21(c)所示。被切去的这两部分的形状特征,都反映在俯视图中。读图时,在形体分析法的基础上,需运用线面分析法确定线、面之间的关系。

(2)分线框、对投影,识形体。如图5-21(b)所示,从主视图入手将其划分为三个线框1′、2′、3′,结合另外两个视图,根据投影规律,可以确定每个线框对应的另两个视图。线框1′对应的俯视图是与投影轴倾斜的直线段1,左视图是1′的类似形线框1″,根据铅垂面的投影特性可知平面I为一个铅垂面。同理,线框2′分别对应俯视图和左视图中的与投影轴平行的直线段2和2″,根据正平面的投影特性可知平面II为一个正平面。用同样的方法可分析其它线框。

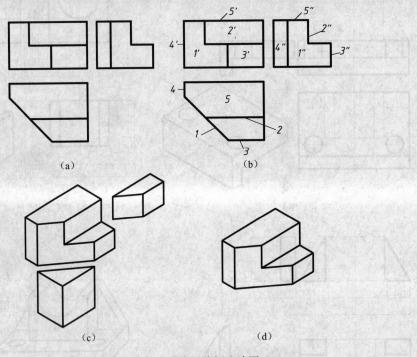

图5-21　运用线面分析法读图

(3)综合起来想整体。综合以上分析,想像出组合体的形状,如图5-21(d)所示。

5.3.3　由两个视图补画第三视图

根据组合体已知的两个视图,补画第三视图,简称二求三,是检验阅读组合体视图正确与否的方法。组合体视图的绘制与阅读是正确补画第三视图的基础,要想补画出第三视图,需要先根据已知两视图,分析、想像出该组合体的形状和空间结构,然后绘制正确的第三视图。这是一个读图和画图的综合问题。

【例5-5】 如图5-22(a)所示,已知组合体的主视图和左视图,补画其俯视图。

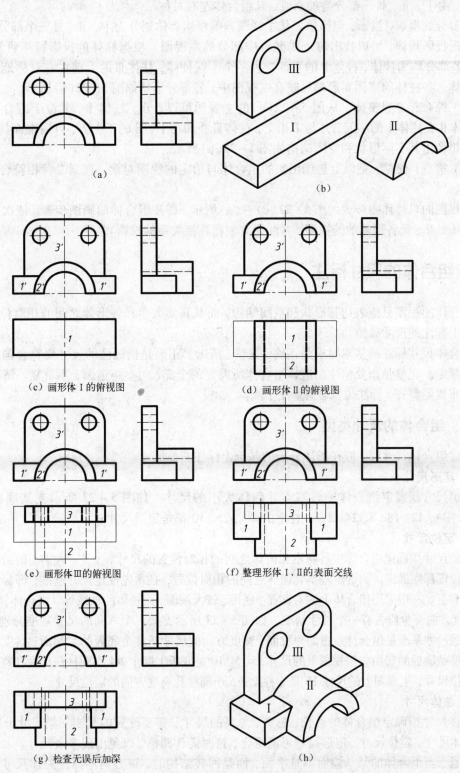

(a)

(b)

(c) 画形体 I 的俯视图

(d) 画形体 II 的俯视图

(e) 画形体 III 的俯视图

(f) 整理形体 I、II 的表面交线

(g) 检查无误后加深

(h)

图5-22 补画第三视图的作图步骤

（1）看视图、抓特征，初识形体。根据给出的两个视图，可以看出该组合体是综合式的组合体，由Ⅰ、Ⅱ、Ⅲ三部分叠加而成，且组合体左右对称。

（2）分线框、对投影，识形体。从主视图入手将组合体划分为Ⅰ、Ⅱ、Ⅲ三个部分，根据高平齐的投影规律，可以找出每个线框对应部分的左视图。根据柱体的投影特点可知，Ⅰ、Ⅱ、Ⅲ各部分均为柱体，柱体Ⅱ的下部挖去一个半圆柱体，柱体Ⅲ的上部左右对称地挖去两个圆柱体。各柱体的底面实形都反映在主视图中，各部分形状如图 5 – 22（b）所示。

（3）综合起来想整体。从图 5 – 22（a）的主视图可以看出，柱体Ⅰ、Ⅱ位于组合体的下端，柱体Ⅱ在柱体Ⅰ的中间，并与Ⅰ相交，柱体Ⅲ叠加在Ⅰ、Ⅱ的正上方，且后端面共面，综合起来想像出其实际形状和空间结构如图 5 – 22（h）所示。

（4）检查、校对。把以上想像出来的组合体与给定的视图对比，直到二者相符合，即完成看图。

俯视图的具体作图步骤如图 5 – 22（c）～（g）所示，即按组合体的画图步骤，依次画出组成它的Ⅰ、Ⅱ、Ⅲ各形体的俯视图，并注意其表面连接关系的投影。

5.4　组合体的尺寸标注

组合体的视图只能表达其形状和空间结构，而其真实大小和各形体之间的相对位置，则由视图上标注的尺寸确定。

组合体尺寸标注的基本要求是正确、完整、清晰。正确是指标注的尺寸要符合国家标准的有关规定。完整是指要标注制造该组合体所需要的全部尺寸，不遗漏，不重复。清晰是指尺寸的布置要整齐、标注位置合理，便于阅读。

5.4.1　组合体的尺寸类型

标注组合体尺寸时，应在形体分析的基础上标注三类尺寸。

1. 定形尺寸

定形尺寸指确定组合体中各基本几何体大小的尺寸。如图 5 – 23 所示支架底板上的 $4 \times \varnothing 4$、R4、42、18、8、24、2；立柱上的 $\varnothing 5$、25、10 都是定形尺寸。

2. 定位尺寸

定位尺寸指确定组合体中各基本几何体之间的相对位置的尺寸，上下、左右、前后三个方向上的位置都须确定。为确定基本几何体之间的相对位置，必须先设定尺寸基准，即标注定位尺寸的起点。一般采用组合体上的对称面、底面、较大端面、回转体的轴线等。组合体长度、宽度、高度方向至少应各有一个尺寸基准。如图 5 – 23 所示支架三个方向的尺寸基准分别为：长度方向的尺寸基准是组合体左右的对称面；宽度方向的尺寸基准是底板的后端面；高度方向的尺寸基准是底板的底面。俯视图上的尺寸 55、5、10 是底板上四个 $\varnothing 4$ 小圆柱孔长度和宽度方向上的定位尺寸，主视图上的尺寸 15 是立柱上 $\varnothing 5$ 小圆柱孔高度方向的定位尺寸。

3. 总体尺寸

总体尺寸指确定组合体的总长、总宽、总高的尺寸。需要注意的是当三类尺寸分别标出后，总体尺寸、定位尺寸、定形尺寸可能重合，这时需作调整，以免出现多余尺寸。

而且，当组合体的某一端面不是平面，而是回转结构时，该方向不标注总体尺寸，其总体尺寸由其定形尺寸和定位尺寸间接确定，如图 5 – 26 中组合体的总高为 152 + 66 = 218，而不是直接标出。

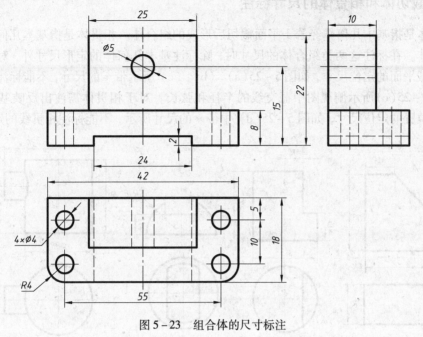

图 5-23　组合体的尺寸标注

5.4.2　基本几何体的尺寸标注

　　组合体是由若干基本几何体按照一定方式组合在一起的,所以基本几何体的尺寸标注是正确标注组合体尺寸的基础。任何物体均有长、宽、高三个方向的大小,所以标注基本几何体的尺寸应按照这三个方向进行标注,如图 5-24 所示。

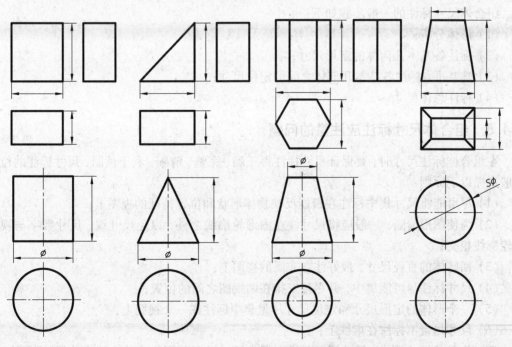

图 5-24　基本几何体的定形尺寸标注

5.4.3　截切体和相贯体的尺寸标注

截切体是指基本几何体经若干平面截切后形成的组合体。相贯体是指基本几何体相交形成的组合体。在标注这两类组合体的尺寸时，除标注基本几何体的定形尺寸外，对于截切体还需注出截平面的定位尺寸，如图5-25(a)、(b)、(c)所示带*的尺寸，不能标注其定形尺寸，如图5-25(c)所示俯视图中截交线的半径和弦长。对于相贯体需注出反映基本几何体之间相对位置的定位尺寸，如图5-25(d)中带*的尺寸所示，不能标注相贯线的定形尺寸。

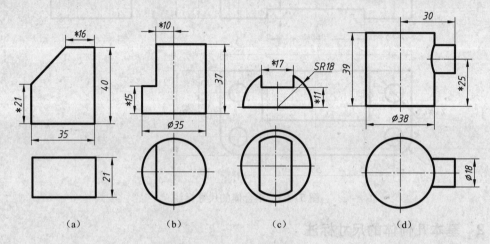

图5-25　截切体和相贯体的尺寸标注

5.4.4　组合体尺寸标注的一般步骤

组合体尺寸标注的一般步骤如下：
(1) 形体分析；
(2) 标注各基本几何体的定形尺寸；
(3) 选基准，标注各基本几何体之间的定位尺寸；
(4) 标注总体尺寸。

5.4.5　组合体尺寸标注应注意的问题

在组合体标注尺寸时，要保证尺寸标注得正确、完整、清晰，利于读图，尺寸标注的位置一般遵循以下原则：
(1) 尽可能将尺寸集中标注在最能反映物体形状和位置特征的视图上；
(2) 为使图形清晰，一般应将尺寸注在图形轮廓线之外，以免尺寸线、尺寸数字与视图的轮廓线相交；
(3) 回转体的直径尺寸，最好注在非圆的视图上；
(4) 尺寸标注尽可能集中，并尽量安排在两视图之间的位置；
(5) 一个形体的定形尺寸和定位尺寸尽量集中标注在一个视图上；
(6) 尺寸尽量不标注在虚线上；
(7) 为避免尺寸界线、尺寸线、图线之间交叉，相互平行的尺寸应按大小顺序排列，小尺寸在内，大尺寸在外，即将小尺寸靠近图形，将大尺寸远离图形。

尺寸标注示例如图 5-26 所示。

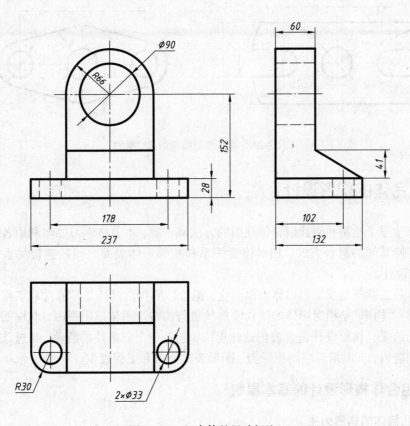

图 5-26 组合体的尺寸标注

要想正确快速地标注组合体尺寸，除了熟练掌握以上内容外，还需要掌握组合体上的一些常见典型结构的尺寸标注，如图 5-27 所示。

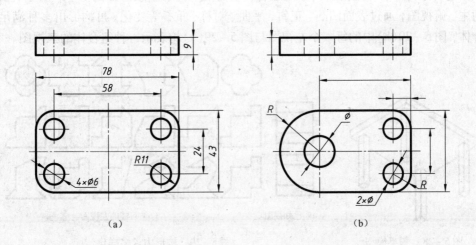

(a)   (b)

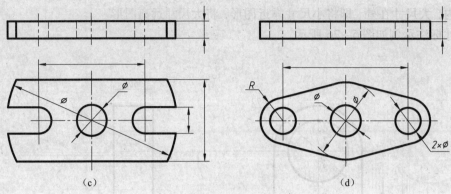

图 5-27 常见典型结构的尺寸标注

5.5 组合体的构形设计

前三节学习了绘制和阅读组合体视图的方法和步骤，本节将学习如何利用各种基本几何体，通过变换其间的组合方式、相对位置关系和相邻形体表面之间的连接关系等构造组合体，即构形设计。

组合体是工业产品及工程形体的模型化，组合体的构形设计是零部件和工程构配件构形设计的基础，"构形"是指对形体的结构及形状进行构造。通常使用视图，剖视图和轴测图等表达构形的结果。构形设计包含着创造性思维，它是一个创造性的活动，通过该活动可以开发和提高创造力，同时培养空间想像力、图形表达能力和工程意识。

5.5.1 组合体构形设计的基本原则

1. 以几何体的构形为主

例如，图 5-28 所示组合体，就是一张餐桌的模型，主要表现了构成它的 5 个棱柱，但并没有完全体现桌面和桌腿的某些工艺或装饰方面的细节。

2. 多样化原则

在给定的条件下，尽量使所构形的组合体多样化，力求新颖。如图 5-29 所示，根据组合体的主、俯视图，通过表面凹凸、正斜、平曲、对称、重叠等变化，可构形出多种满足条件的组合体，图 5-29(b) 中的每一个左视图与图 5-29(a) 均表示一种组合体的三视图。

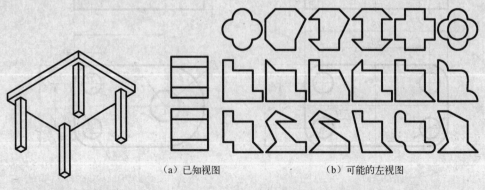

（a）已知视图　　　　　　　　（b）可能的左视图

图 5-28 餐桌模型　　　　　　　图 5-29 构形力求多样化

3. 稳定可靠、便于成型的原则

所构形的组合体应能保持稳定可靠,不能出现点接触、线接触和面连接,如图 5-30 所示。整个组合体要保持平衡,使其重心落在支撑面内。同时,因为封闭的内腔不便于成型,如图 5-31 所示,故一般不采用。

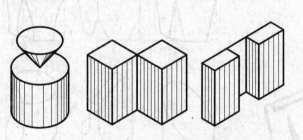 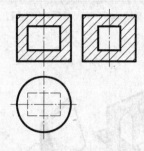

图 5-30 不能出现点、线接触和面连接   图 5-31 不要出现封闭空腔

5.5.2 组合体构形设计的基本形式

无论是工业产品还是建筑物,都必须具有一定的功能,在保证功能的前提下,其构形可以是多种多样的。

例如一只茶壶,使用功能决定了它的基本结构必须包括空心壶身、壶嘴和把手。那么每一部分的形体如何? 它们之间的组合方式如何? 怎样的构形设计才能使茶壶成为使用方便、造型美观的产品? 这就是构形设计要解决的问题。图 5-32 所示为不同构形的茶壶。

不同的构形元素具有不同的构形方式和特点,下面以板和块体为例,介绍其构形方式。

1. 板

由于板较薄,板之间的组合可以叠加,还可以插接构成新的立体。而根据板的特点单独一块板通过折叠或挖切也可以构成新的立体,如图 5-33 所示。挖切时可以是曲线形挖切,也可以是直线形挖切。

2. 块体

1) 切割型

块体的切割方法有平面截切、曲面截切和综合截切,如图 5-34 所示。在切割的过程中应考虑到:切割部分的数量不宜过多,否则显得支离破碎;切割后形体比例要匀称;切割后所产生的交线要流畅、舒展和富于变化。

2) 叠加型

块体的叠加形式可以是简单的叠加也可以经过相贯组合而成。图 5-35(a)所示为平面体简单的叠加,两个平面体的接触面是平面,叠加过程不会形成交线,但简单叠加也可以形成多

图 5-32 不同
构形的茶壶

种变化。图 5 – 35（b）中所示为利用相贯组合而成的新的立体，图 5 – 31（b）中所示相同的两个形体其相对位置不同，相贯后的形体特点不同，且相贯所形成的相贯线的特点也明显不同。

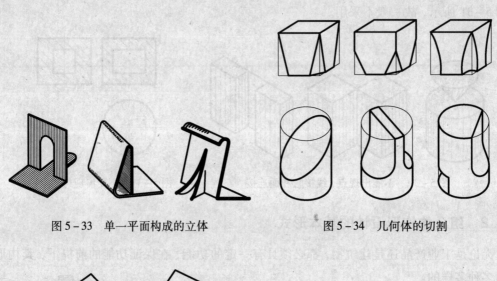

图 5 – 33　单一平面构成的立体　　　　　　图 5 – 34　几何体的切割

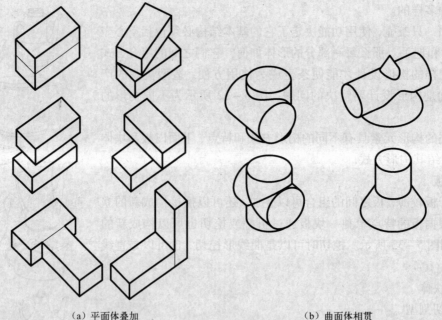

（a）平面体叠加　　　　　　　　　（b）曲面体相贯

图 5 – 35　平面体叠加及曲面体相贯

3）综合型

多数物体的组合形式并不是单一的，而是经过切割和叠加综合而成的。图 5 – 36 所示的两个形体并不复杂，构形方法也相似，但在细节上却有多处不同，绘制视图时应特别注意正确表达相邻形体间的表面连接关系。

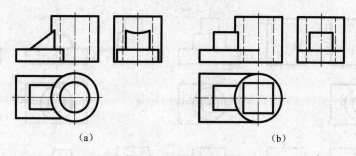

图 5－36　综合型组合体

5.5.3　组合体构形设计的常见类型

1. 根据给定的几个基本几何体构形组合体

给定若干基本几何体来构形组合体。这些基本几何体既可以通过叠加、挖切方式，也可以通过综合方式构形组合体。

2. 根据给定的两个视图构形组合体

图 5－29 所示可以认为是长方体经过不同形式的切割、穿孔而形成的。图 5－37 是利用综合构形方式形成的多个具有相同主、俯视图的组合体。

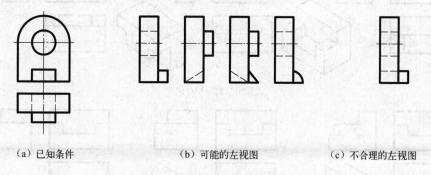

（a）已知条件　　　　　　（b）可能的左视图　　　　　（c）不合理的左视图

图 5－37　由两个视图构形多个形体

3. 根据给定的一个视图构形组合体

物体的一个视图，不能唯一确定物体的形状和空间结构，因此已知形体的某一视图时，会有多个形体与之对应。图 5－38 是根据给定的俯视图，构形出的不同的组合体，构形中运用了叠加及切割的综合构形方式。图 5－39 所示为根据给定的主视图运用切割方式构形的多种形体。

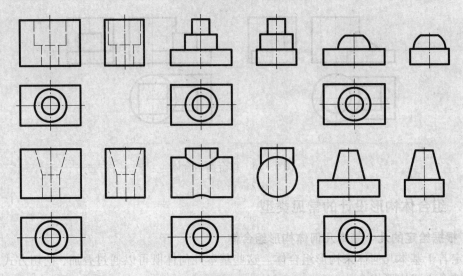

图 5 - 38　根据俯视图构形多个形体

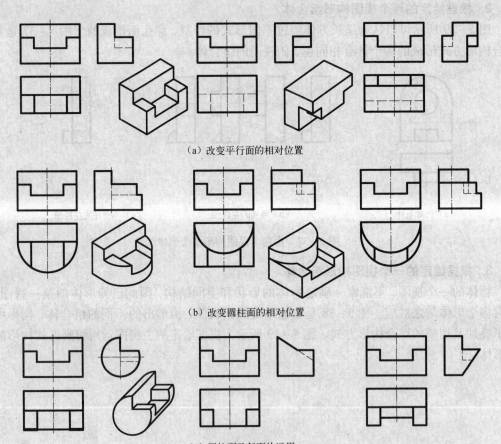

（a）改变平行面的相对位置

（b）改变圆柱面的相对位置

（c）圆柱面及斜面的运用

图 5 - 39　根据主视图构形多个形体

第6章 轴测投影

6.1 概述

如图6-1(a)、6-1(b)所示，同一物体的三面正投影图和轴测投影图都是在二维平面上表现三维立体的投影图。比较这两类图，可以看出三面正投影图能较完整地、真实地表达物体各表面的形状和尺寸，所以在工程上得到广泛应用。但这种图缺乏立体感，要读懂这种图，必须具备一定的投影知识和看图能力。而轴测图则很直观，容易看出物体的立体形状，但它不能直接表达物体各表面的实形，所以通常用作辅助图样或建筑效果图。此外，在产品使用说明书、广告设计和书刊插图中，也大量使用轴测图。

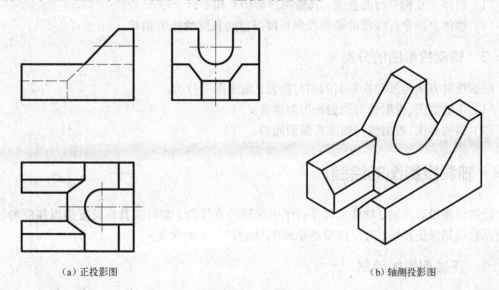

(a) 正投影图　　　　　　　　　　　　　　　　　　(b) 轴测投影图

图6-1　正投影图和轴测投影图

6.1.1　轴测投影图的形成

如图6-2所示，将物体连同其参考的直角坐标系，沿不平行于任一坐标面的方向，用平行投影法将其投射到单一投影面上所得到的图形称为轴测投影图，简称轴测图。其中这个投影面 P 称作轴测投影面；直角坐标轴在轴测投影面上的投影称作**轴测轴**；轴测轴之间的夹角称为**轴间角**；轴测轴上的单位长度与空间的单位长度的比值称为**轴向伸缩系数**。OX、OY、OZ 轴上的轴向伸缩系数分别用 p、q、r 表示。

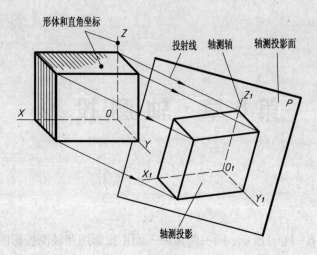

图 6-2　轴测图的形成

6.1.2　轴测投影图的投影特性

由于轴测投影图是用平行投影法绘制而成的,因此它具有平行投影的特性,即:

(1) 物体上互相平行的直线,其轴测投影仍互相平行;

(2) 物体上两平行线段的轴测投影长度与空间长度的比值相等。

6.1.3　轴测投影图的分类

根据投射方向与轴测投影面的相对位置,轴测图可分为:

(1) 正轴测图,投射线与轴测投影面垂直;

(2) 斜轴测图,投射线与轴测投影面倾斜。

6.2　轴测投影图的绘制

绘制轴测投影图时,物体上凡平行于坐标轴的直线段,都可按其原长度乘以相应的轴向伸缩系数得到轴测投影长度,这就是轴测图"轴测"二字的含义。

6.2.1　正轴测图的绘制

正轴测图是用平行正投影法绘制的轴测图。此时物体的三个参考坐标面都倾斜于轴测投影面。在一个投影面中能同时反映出物体三个方向的量,即物体的长、宽、高。

在正轴测图中最常用的是正等测轴测图。在正等测轴测图中,各轴测轴之间的夹角均为120°,通常将 Z 轴置于铅垂位置。三个轴的轴向伸缩系数相等,均约等于0.82,为了作图方便,一般将轴向伸缩系数简化为1,即平行于轴的长度可按实长量取,如图 6-3 所示。

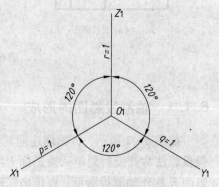

图 6-3　正等测图的轴间角
和简化轴向伸缩系数

1. 平面立体正等测轴测图的绘制

【例6-1】 根据图6-4(a)所示的正六棱柱的投影图,绘制其正等轴测图。

分析

正六棱柱的底面是对称的正六边形,且上下底平行。可以把坐标原点 O 定在上底面的中心处;根据坐标定出六边形各顶点的位置;从各点向下绘制出高为 h 的可见棱线即可。

作图

作图步骤如下:

(1) 绘制轴测轴:如图6-4(a)所示,先在正投影图中确定坐标轴的位置,以六棱柱上底面的中心为坐标原点 O,以两根对称中心线作为 X、Y 轴,对称轴作为 Z 轴。如图6-4(b)所示,画轴测轴 X_1、Y_1,两轴的夹角为120°,Z_1 轴竖直向下;

(2) 绘制上底面:因 A,D 两点在 X 轴上,可以直接以 O_1 为对称点,在 X_1 轴上量取 $oa = O_1A = O_1D = od$;因为 BC 和 FE 是平行于 X 轴的,在轴测图上先确定 BC、FE 与 Y 轴的交点位置,分别过交点做 X_1 轴的平行线,再直接量取它们的投影长度,确定 B、C、F、E 各点。

(3) 绘制棱线及下底面。如图6-4 (c)所示,从六边形顶点 A、B、C、F,向下画平行于 Z_1 轴长度为 h 的直线,得下底面各点,连接相应各点。加深可见线,不可见的线一般不画,也可用虚线绘制。

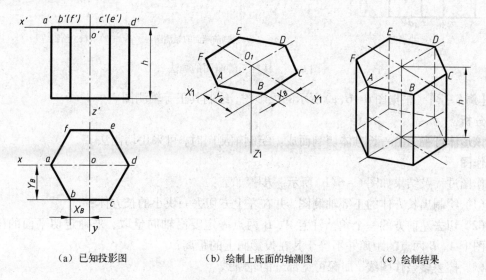

(a) 已知投影图   (b) 绘制上底面的轴测图   (c) 绘制结果

图6-4 正六棱柱的正等测图的画法

【例6-2】 绘制如图6-5(a)所示棱柱体的正等轴测图。

分析

根据物体的形状,可以先绘制棱柱前端面的轴测投影,再沿 OY 方向绘制棱柱的宽度。为了作图较简便起见,可把投影轴的原点设在棱柱前面的右下角。

作图

作图步骤如下:

(1) 绘制轴测轴:根据图6-5(a)所示坐标轴的位置,绘制图6-5(b)所示轴测轴;

(2) 绘制前端面:如图6-5(b)所示,根据正面投影,先绘制矩形轴测投影,因为 A、C

两点在上底边上，可直接根据其 x 坐标，确定其轴测位置；B、D 点依其 (x, z) 坐标值确定位置，如图 6-5(b) 所示；

（3）绘制棱线及另一端面：如图 6-5(b)、6-5(c) 所示，过前端面各顶点作 O_1Y_1 轴的平行线，在一条平行线上量取长度 y，定出后端面上的一个顶点，过该点顺序作前端面各边的平行线，即得棱柱的正等轴测图；

（4）完成轴测图，加深可见图线。

例 6-1 和例 6-2 所用的方法称为端面法，只是其端面所平行的坐标面不同。凡是具有相同端面的形体，都可采用此法绘制轴测图。

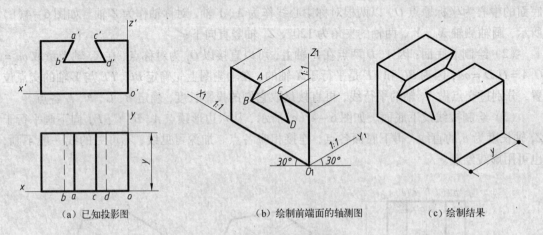

（a）已知投影图　　　　（b）绘制前端面的轴测图　　　　（c）绘制结果

图 6-5　棱柱正等测图的画法

【例 6-3】　根据图 6-6(a) 所示的投影图，绘制其正等轴测图。

分析

该形体可视为由一长方体切割而成。绘制轴测图时，可采用切割法。

作图

作图过程及结果如图 6-6(b) 所示。步骤如下：

（1）绘制出长方体的正等轴测图，并在左上方切去一块小的长方体；

（2）切去左前方的一个角。注意 A、B 两点一定要沿轴向量取，来确定切平面的位置。轴测图上 A、B 两点的距离并不等于其在投影图上的距离；

（3）擦去多余作图线，加深可见部分的轮廓线。

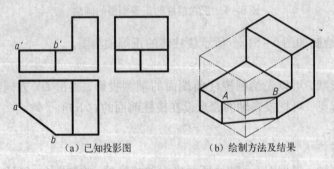

（a）已知投影图　　　　（b）绘制方法及结果

图 6-6　形体的投影图和正等轴测图

2. 曲面立体正等测轴测图的画法

曲线在正等测投影中一般仍为曲线，物体表面的圆一般投影为椭圆。在实际作图中，对于曲线，可用坐标法求出曲线上一系列点的正等测投影，然后光滑连接。

1）平行于坐标面的圆的正等测图画法

如图 6-7 所示，平行于坐标面的圆的正等轴测图都是椭圆。对于这些椭圆可用近似画法——菱形法绘制。

绘制图 6-8 所示水平面内的圆的正等测图时，可先作圆的外切正方形的正等轴测图——菱形，此菱形也外切于圆的轴测投影。

具体画法是：先绘制外切正方形的轴测投影，得点 O_1、O_2，再分别以 O_1，O_2 为圆心，以

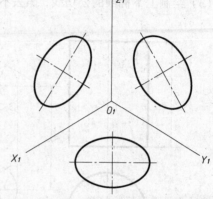

图 6-7 平行于坐标面的圆的正等轴测图

O_1D、O_2A 为半径，绘制圆弧 CD、AB；分别以 O_3、O_4 为圆心，以 O_3A、O_4C 为半径，绘制圆弧 AD、BC。注意菱形的两对角线是此椭圆的长轴和短轴的方向。对于平行于 XOZ 坐标面或 YOZ 坐标面的圆，它们的正等测图可依照上述菱形法绘制，但要注意菱形各边的方向与椭圆长、短轴的方向。

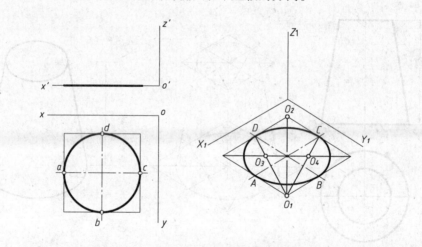

图 6-8 平行于水平面的圆的正等测图的画法

【例 6-4】 绘制图 6-9 所示圆柱和圆台的正等测图。

分析

绘制圆柱、圆台的正等测图时，其上、下底面的圆的正等测图可按上述方法绘制。圆柱、圆台的轮廓线应是上、下两个椭圆的公切线。

作图

作图步骤如下：

（1）绘制轴测轴：用菱形法画上底面的椭圆。为简化作图，可取上底面的圆心为轴测轴的原点；

（2）绘制下底面的椭圆：椭圆中的各切点和各圆心均可由上底面椭圆中的相应点沿 O_1Z_1 轴向下移圆柱的高度 h 求得；

（3）绘制上下椭圆的公切线，擦去不可见部分，加深，完成正等测图。

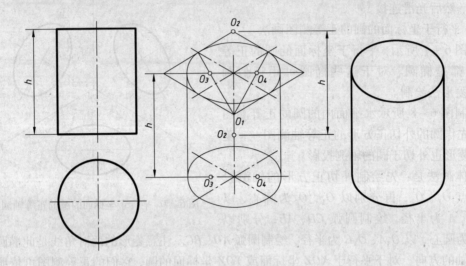

（a）圆柱正等轴测图的绘制方法及结果

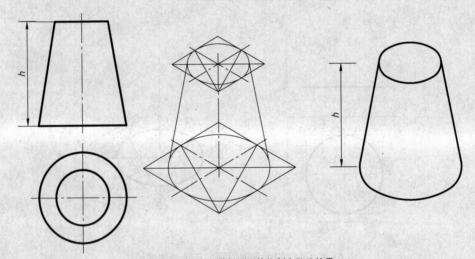

（b）圆台正等轴测图的绘制方法及结果

图 6-9　圆柱和圆台的正等测图

2）四分之一圆角正等测图的近似画法

如图 6-10（a）所示，带有四分之一圆角的底板，其圆角的正等轴测图的近似画法如下：如图 6-10（b）所示，首先绘制不带圆角底板的轴测图，然后从顶点 C 向两边量取半径 R，得切点 A、B。过 A、B 点作边线的垂线，交点即为圆心 O_1，以圆心至切点的距离为半径，作弧便是 1/4 圆的轴测图。将圆心和切点向下平移板的厚度到板底，绘制同样的一段弧。右边圆角的画法与左边相同，但必须注意轴测图中半径长度的变化。

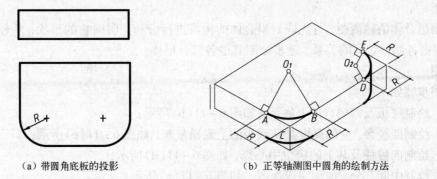

（a）带圆角底板的投影　　　　（b）正等轴测图中圆角的绘制方法

图 6-10　圆角正等轴测图的画法

3. 简单组合体的绘制

【例 6-5】　用叠加法绘制如图 6-11（a）所示组合体的正等轴测图。

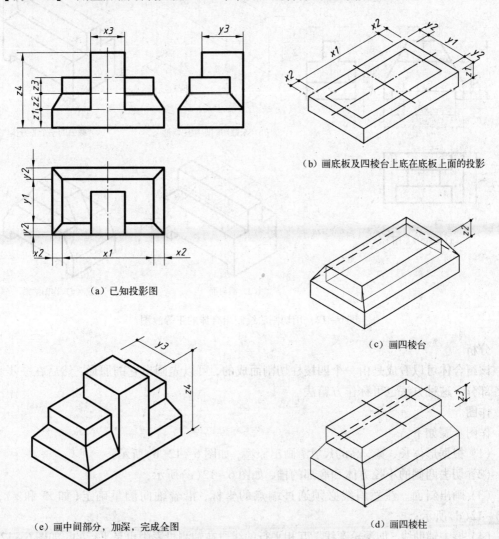

（b）画底板及四棱台上底在底板上面的投影

（a）已知投影图

（c）画四棱台

（e）画中间部分，加深，完成全图　　　　（d）画四棱柱

图 6-11　用叠加法绘制组合体的正等轴测图

分析

绘制组合体的轴测图，首先应对组合体的构成进行分析，明确它的形状，从较大的形体入手，根据各部分之间的关系，逐步绘制其他各部分形体。

作图

作图步骤如下：

(1) 绘制底板及四棱台的上底面，如图6-11(b)所示；

(2) 绘制四棱台，它的高度是从底板的上底面量起，如图6-11(c)所示；

(3) 绘制四棱柱及其上的定位中心线，如图6-11(d)所示；

(4) 绘制中间部分，加深完成作图。如图6-11(e)所示；

【例6-6】 用切割法绘制如图6-12(a)所示组合体的正等轴测图。

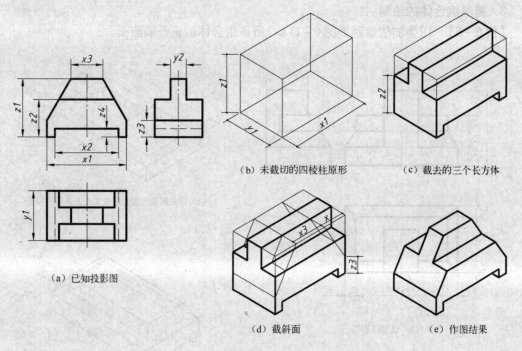

(b) 未截切的四棱柱原形　　　(c) 截去的三个长方体

(a) 已知投影图

(d) 截斜面　　　(e) 作图结果

图6-12 用切割法绘制组合体的正等测图

分析

该组合体可以看成是由一个四棱柱切割而成的，可以先画出它的原形，然后在一步步切去各部分。这种方法也可称作方箱法。

作图

作图步骤如下：

(1) 根据形体长、宽、高的尺寸，画出原型，如图6-12(b)所示；

(2) 切去两侧的小长方体和底部的槽，如图6-12(c)所示；

(3) 画出斜面。注意斜线必须通过端点的坐标，沿着轴向测量确定(如 $z3$ 和 x)，如图6-12(d)所示；

(4) 擦去辅助线，加深轮廓线。互相平行的线段在轴测投影中也是平行的，如图6-12(e)所示。

6.2.2 斜轴测图的绘制

用平行斜投影法绘制的轴测图称为斜轴测图。此时物体的一个参考坐标面应平行于轴测投影面。在斜轴测投影中，以正立面为轴测投影面的轴测投影称为正面斜轴测投影；以水平面为轴测投影面的称为水平斜轴测投影。在斜轴测图中常用的有斜等轴测图和斜二轴测图。

1. 正面斜轴测图的画法

由于在正面斜轴测投影中坐标面 XOZ 平行于轴测投影面，所以 O_1Z_1 和 O_1X_1 轴的夹角为 $90°$，轴向伸缩系数为 1，也就是说物体在 XOZ 方向的投影是反映实形的。OY_1 轴的轴向伸缩系数有两种，当 $q=1$ 时的斜轴测图称为正面斜等测图，简称斜等测；当 $q=0.5$ 时，为正面斜二测图简称斜二测。斜二测的轴测轴、轴间角及轴向伸缩系数如图 6-13 所示，Y_1 轴与水平方向的夹角常用 $45°$，也可采用 $30°$、$60°$ 等特殊角。当物体在一个端面的图形比较复杂，如有一系列的圆时，让这个端面与坐标面 XOZ 平行，作图就非常方便。

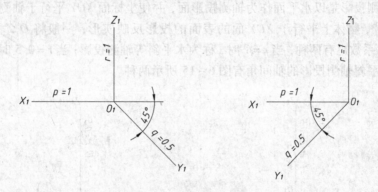

图 6-13　斜二轴测图的轴测轴、轴间角及轴向伸缩系数

【例 6-7】　绘制图 6-14(a)所示物体的斜二轴测图。

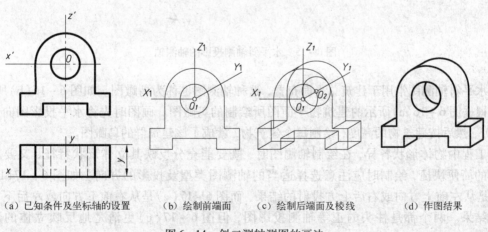

（a）已知条件及坐标轴的设置　　（b）绘制前端面　　（c）绘制后端面及棱线　　（d）作图结果

图 6-14　斜二测轴测图的画法

分析

该物体由半圆柱、棱柱及底板组成。为了使作图简便起见，采用正面斜二轴测投影。如

图 6 - 14(a)所示，坐标原点选在圆柱的中心，OY 轴与该圆柱轴线重合。圆柱端面所在的表面与坐标面 XOZ 重合，则圆的轴测投影仍为圆。

作图

作图步骤如下：

（1）如图 6 - 14(b)所示，将物体的正面投影直接抄画在轴测图上；

（2）如图 6 - 14(c)所示，在 O_1Y_1 轴上量取 $O_1O_2 = y/2$，以 O_2 为圆心，在投影图中直接量取圆孔和圆柱的半径，绘制圆孔和圆柱的轮廓线，绘制两外圆的公切线；过各顶点作长度为 $y/2$ 的 Y_1 轴平行线，连接相应各点；

（3）擦去不可见的轮廓线，加深可见图线，完成物体的正面斜二测投影图。

这种作图方法也是端面法，与正等测图的端面法相比，作图要简单一些，特别是对有回转曲面的物体，更显出优越性。

2. 水平斜轴测图的画法

水平斜轴测投影是以水平面作为轴测投影面，并使坐标面 XOY 平行于轴测投影面，轴间角 $X_1O_1Y_1 = 90°$，物体上平行于 XOY 面的表面的投影反映实形；一般将 O_1Z_1 轴铅垂绘制，O_1Z_1 轴的伸缩系数也有两种，当 $r = 1$ 时，称为水平斜等轴测投影；当 $r = 0.5$ 时，称为水平斜二测投影。水平斜轴测投影的轴间角有图 6 - 15 所示两种。

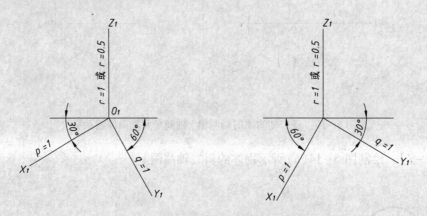

图 6 - 15　水平斜轴测投影的轴测轴

水平斜轴测图常用于建筑总平面布置，这种轴测图也称为鸟瞰图。如图 6 - 16(b)所示，就是根据图 6 - 16(a)所示的建筑物平面图所绘制的鸟瞰图。画图时先将水平投影图向左旋转 30°，然后按建筑物的高度，绘制每个建筑物，就成了该建筑群的鸟瞰图。

工程中物体形状各异，在绘制轴测图时，既要能充分反映其立体形状特征，又要考虑作图的简便快捷，绘制时应注意选择适当的轴测图类型及投影的方向。如图 6 - 17(b)所示，是从左前上方向或右后上方投射的结果，而图 6 - 17(c)是从右前下方向或左后下方投射的结果。两个都是柱头的正等轴测投影，但图 6 - 17(c)更清楚地反映立体的形状特征。

绘图时轴测轴可明确地画出也可不画，应根据物体的形状特征，灵活选用不同的作图方法，如坐标法、叠加法、端面法、方箱法等。轴测图中用粗实线绘制物体的可见轮廓，不可见轮廓不画，必要时也可用虚线绘制。

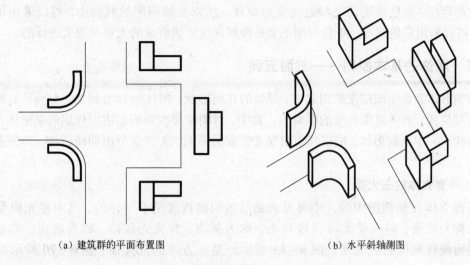

（a）建筑群的平面布置图　　　　　　　　　　　（b）水平斜轴测图

图 6 - 16　建筑群的平面布置图和鸟瞰图

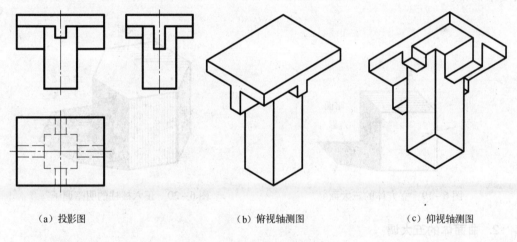

（a）投影图　　　　　　　　（b）俯视轴测图　　　　　　　　（c）仰视轴测图

图 6 - 17　柱头的正等轴测图

6.3　轴测图的润饰

　　用单线条描绘的轴测图固然能表现出物体的立体形状，但从直观效果来看，尚嫌不够形象和逼真。如果对图形加以润饰，就能明显地增加其空间感和质感，如图 6 - 18 所示。

　　平常我们在观察物体时，由于光线的照射，物体表面反射出各种不同波长的光线，使我们产生这种或那种颜色的感觉，通常我们称视觉。实际上，视觉包括了光觉和色觉两部分。光觉指明暗（如深浅、浓淡）的感觉；色觉指色彩（如红、橙、黄、绿）的感觉。

　　在观察物体时，光觉和色觉是同时发生的，但光觉也可以脱

图 6 - 18　润饰后的物体

离色觉而存在，而色觉则需要经过光觉而显现。所以在轴测图的润饰中，可以采用单色润饰，也可以采用彩色润饰。单色润饰主要是按照深浅浓淡组成的光觉系统来进行的。

6.3.1 润饰的基本原则——三面五调

影响形体表面明暗层次的因素有：形体的几何形状、形体的材质和加工精度、光源与形体的相对位置、形体周围环境的影响等。其中，对明暗层次影响起决定作用的是形体自身的几何形状。一个几何形体，根据其表面受光程度的不同，大致区分出明暗范围，即所谓明暗调子。

1. 平面立体的三大面

平面立体在轴测图中的几个可见表面总的明暗程度是不一样的，其中迎光面受光最充足，称为亮面；斜向受光面亮度较小，称为灰面；背光面较暗，称为暗面。亮面、灰面、暗面统称润饰的三大面。图 6 - 19 所示的是立方体的三大面；图 6 - 20 所示的正六棱柱可见表面多于三个面，在这些面中，亮面、暗面各取一个表面，其余表面按不同的灰度来润饰。

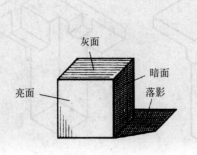

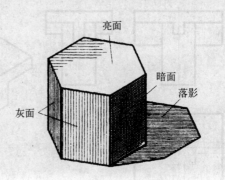

图 6 - 19　立方体的三大面　　　　　　　图 6 - 20　正六棱柱的明暗调子

2. 曲面体的五大调

曲面立体在光线的照射下，曲表面各部分的受光程度是均匀变化的，因而其明暗也是均匀变化的。当光线直射物体表面时，若立体质地光洁，就会将光线折射出来，在亮面中就产生了最亮面；当物体受到周围环境反射光线的影响，在暗面中就出现反光。如此在曲面上呈现出由灰到亮而到最亮，再由最亮到亮而到灰，接着转到明暗分界处而呈现为最暗，最后由于反射光线的作用，又呈现出由暗逐渐变亮的转化。所以灰、亮、最亮、暗和反光称为五大调，如图 6 - 21(b) 所示。对于曲面体来说，相邻两调子之间的差异是不明显的，在每一个调子中间，还应再细分出若干渐变的明暗层次加以润饰，这样才能使物体表现得更圆润细致。

图 6 - 21、图 6 - 22 和图 6 - 23 分别是圆柱面、圆锥面和球面的分面线与润饰示例。圆柱面和圆锥面的分面线都是直素线，而球面的分面线是椭圆。为了作图简便，最亮面和暗面所在的位置，可由如图 6 - 23 所示的比例来确定。当最亮面和暗面确定了以后，介于两者之间的表面由明到暗或由暗到明，逐渐递次过渡变化，这样整体润饰效果才显得光滑圆润自然。

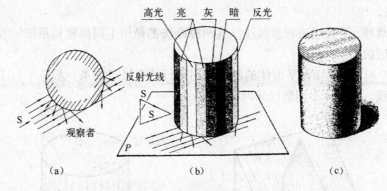

图 6 - 21 曲面体的五大调

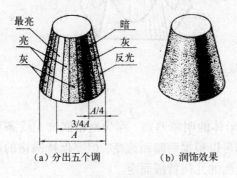

图 6 - 22 圆锥的润饰

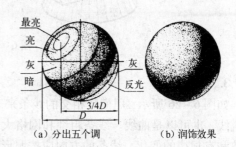

图 6 - 23 圆球的润饰

6.3.2 黑白润饰的画法

黑白润饰的画法常用的有点润饰、线润饰和网格润饰三种。

1. 点润饰

点润饰是用大小和疏密不同的点来表示形体表面的明暗关系。亮面越亮,点越小且疏,甚至空白;暗面越暗,点大且密,有时还可以连成一片。点用徒手画,要求自然均匀,每点都不拖尾巴,不要横竖排列整齐。图 6 - 24 所示相贯体中的圆柱、圆锥及球的表面都是点润饰。

图 6 - 24 点润饰

2. 线润饰

线润饰有两种，平行线法和素线法。这两种画法都是用不同疏密和粗细的线条来表示形体表面的明暗层次。

如图6-25所示，平面及平面体的润饰多用平行的直线。线条一般应平行于形体的轴测轴或主要轮廓线。曲面体多用素线来润饰。

 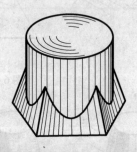

图6-25　线润饰

3. 网格润饰

如图6-26所示，用横竖相交的线条来表达形体的明暗差别，称为网格润饰。线条可以是直线，也可以是曲线。线条粗细和网格大小都可以根据明暗而改变，但要保持网格的均匀一致和有规律的变化。线条的方向应按照形体表面的几何特征而定。

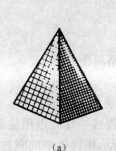 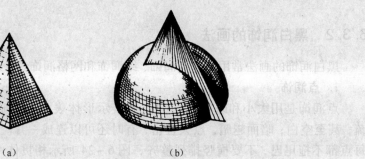

(a)　　　　　　　　　　　　　　(b)

图6-26　网格润饰

物体润饰的方法还有很多。绘图时可根据具体情况采用。有时对一个物体也可采用多种方法润饰，例如图6-26中圆球使用的是网格润饰，而棱锥则采用素线润饰。

【例6-8】　对图6-27所示物体进行润饰。

分析

这个物体除圆角部分以外，基本由平面立体组成。润饰可用平行线法。假设光线来自右前方，根据立体受光情况可以大致分为几个区域：其中 A、B、C 为迎光面，最亮。但就一个面来说，亮的程度也不相同，较暗的部分还是要画一些线条，但比较稀疏；D、E、F 几个区域为灰面，灰面上要绘制一些线条；I、H、G 面相对来说是暗面，这里的线条较密，如图6-27(b)所示。经过润饰的轴测图立体感更强，更直观了。

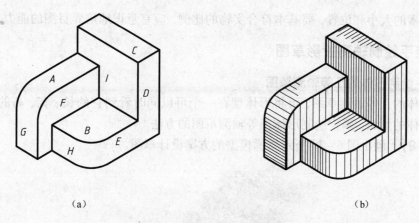

(a)　　　　　　　　　　　　　　　(b)

图 6-27　物体的润饰

6.4　徒手绘制草图的方法

按一定的画法及要求，徒手绘制的图称为草图。在设计中，常常先用草图表达设计方案，得到初步图样，然后进行仪器绘图和计算机绘图，修改设计方案并最终获得产品的图样。由于草图方便、快捷，是技术人员交流、记录、构思、创作的有力工具，有很大实用价值。所以必须熟练掌握徒手作图的技巧。

绘制草图要求是：图形正确，图线清晰，粗细分明；目测尺寸尽量精确，各部分比例均匀；尺寸标注无误，字体工整，图面整洁。

6.4.1　目测的方法

草图是以目测来估计图形与实物的比例的。如图 6-28 所示，对于中小型物体，可利用铅笔作为测量工具，直接从物体上量出各部分尺寸，画在草图上，尺寸不要求非常精确；对于大型的物体，可用铅笔相似测量方法确定物体各部分之间的相对比例。应根据所需图形的大小来确定人与物体之间的距离。目测时，人的位置应保持不动，握铅笔的手臂自然伸直，用相似原理将铅笔的目测长度与物体上的各种尺寸比较，画出比例恰当的草图，如图 6-29 所示。

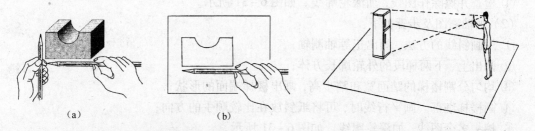

　(a)　　　　　　　　　　　(b)

图 6-28　用铅笔直接测量物体　　　　　　图 6-29　用铅笔按比例测量物体

6.4.2　徒手绘制正投影草图

徒手绘制正投影草图应尽量利用网格纸上的线条及交点。投影图的大小比例，特别是各部分几何元素的大小和位置，要基本符合实物的比例，应有意识地培养目测的能力。

6.4.3　徒手绘制轴测投影草图

1. 徒手绘制形体的正等轴测草图

绘制形体的正等轴测草图，可将形体摆在一个可以同时看到它的长、宽、高的位置，观察并分析形体的形状，确定绘制形体正等轴测草图的方法。

【例6-9】　画出图6-30所示楼梯模型的方案设计草图。

图6-30　楼梯模型

分析

在设计阶段徒手画出的草图，统称为方案设计草图，包括二维投影草图和三维立体草图。在实际工作中，常在印有淡色方格纸上，或者在下面衬有小方格的透明纸上画图。投影图根据目测物体的大小，采用适当的比例，使画图时，水平的或竖向的图线尽可能画在格子线上；立体图采用正等轴测图。

作图

（1）绘制正投影及其步骤如下：

① 布图，注意三个视图之间的投影关系；

② 因为楼梯的踏面宽和踏步高都是相等的，所以先将它们均匀地等分出来；

③ 分别画出两梯段的细部；

④ 检查并擦除作图线，加深轮廓线。如图6-31所示。

（2）画轴测图及步骤如下：

① 用画斜线的方法，画出正等轴测轴；

② 画出上、下两梯段的外轮廓长方体；

③ 均匀分割楼梯的踏面宽和踏步高，画出楼梯端面的形状；

④ 画楼梯细部。画平行线时，可将纸斜放在比较顺手的方向；

⑤ 擦去多余图线，加深轮廓线。如图6-31所示。

2. 徒手绘制形体的斜二轴测草图

绘制形体的斜二轴测草图时，常使形体的高度方向垂直，长度方向水平，宽度方向与水平方向成45°。

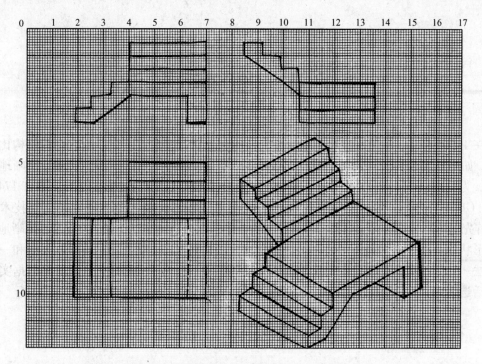

图6-31 楼梯模型的投影草图及立体草图

【例6-10】 根据图6-32(a)所示形体的三视图，徒手画出其轴测草图。

分析

该形体在一个投影方向上有较多的圆弧，宜采用斜二轴测的画法来表现。

作图

(1)目测形体的尺寸，画出外切长方体。注意三个轴之间的夹角，其中Y轴可按角分线的方法画出。

(2)用圆和圆角的画法，画出前后端面的形状。

(3)将前后两个端面用切线相连，加深图线。如图6-32(b)所示。

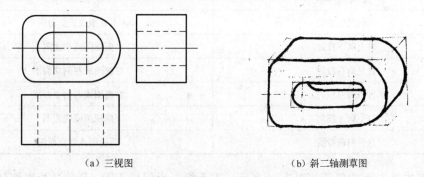

(a)三视图　　　　　　　　　　　　　(b)斜二轴测草图

图6-32 斜二轴测草图的绘制

第7章 图样画法

在工程实际中，机械零件和工程构件的结构和形状是多种多样的，当它们的结构比较复杂时，如果只用前面所讲的三个视图，有时难以把它们的内外结构准确、完整、清晰地表达出来。为此，国家标准《技术制图》（GB/T 14692—2008，GB/T 16675—1996，GB/T 17451—1998，GB/T 17452—1998 等）的图样画法中规定了工程图样的表达方法。在绘制技术图样时，首先应考虑看图方便，根据物体的结构特点，选用适当的表达方法，在完整、清晰地表达物体形状的前提下力求制图简便。本章将介绍视图、剖视图、断面图、局部放大图和一些简化画法。在学习时，要熟练掌握各种表达方法的特点、画法、适用条件，以便能根据实际需要灵活选用。

7.1 视图

视图是物体向投影面投射所得的图形。视图主要用于表达物体的外部结构和形状，视图分为基本视图、向视图、局部视图和斜视图四种。

7.1.1 基本视图

表示一个物体可有六个基本投影方向，相应地有六个基本的投影平面，称为基本投影面，分别垂直于六个基本投影方向。物体在基本投影面上的投影称为基本视图，每个视图的名称见表7-1。

表7-1 基本视图的名称

投 射 方 向	视 图 名 称
自前向后投射	主视图或正立面图
自上向下投射	俯视图或平面图
自左向右投射	左视图或左侧立面图
自右向左投射	右视图或右侧立面图
自下向上投射	仰视图或底面图
自后向前投射	后视图或背立面图

六个基本投影面的展开如图7-1所示，正面投影面保持不动，其他各投影面转至与正面投影面共面的位置。六个基本视图的配置关系如图7-2所示。在同一张图纸内按图7-2配置视图时，不标注视图的名称。六个基本视图仍满足"长对正，高平齐，宽相等"的投影规律。实际绘图时，应根据具体物体的表达需要，选用必要的几个基本视图，不一定将六个基本视图全部画出。

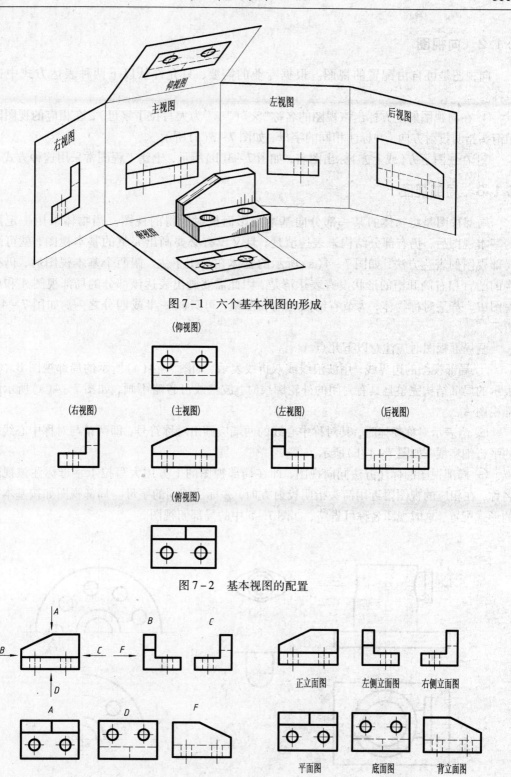

图7-1 六个基本视图的形成

图7-2 基本视图的配置

图7-3 向视图

7.1.2　向视图

向视图是可自由配置的视图。根据专业的需要，只允许从以下两种表达方式中选择一种。

① 在向视图的上方标出该视图的名称"×"（"×"为大写拉丁字母），在相应的视图附近用箭头指明投射方向，并标注相同的字母，如图7-3(a)所示。

② 在视图下方(或上方)标出图名，如图7-3(b)所示，土建工程图常采用这种方式。

7.1.3　局部视图

局部视图是将物体的某一部分向基本投影面投射所得的视图。当物体采用一定数量的基本视图后，仍有部分结构未表达清楚，且又没有必要画出完整的基本视图，就可采用局部视图的表达方法，如图7-4(a)所示的物体在采用了主、俯两个基本视图后，仍有左侧的凸台和右侧开槽的形状没有表达清楚，因此需要画出表达该部分的局部视图 *A* 和局部视图 *B*。若是对称物体，为节省绘图时间和图幅，可只画一半或四分之一，如图7-4(b)所示。

画局部视图时应注意以下几点。

① 局部视图的边界线，用波浪线或双折线表示，如图7-4(a)所示的局部视图 B。当所表示的局部结构完整且具有封闭的外轮廓线时，波浪线可省略不画，如图7-4(a)所示的局部视图 A。

② 当表示对称物体时，其对称中心线的两端应画出对称符号，即两条与对称中心线垂直的平行细实线，如图7-4(b)所示。

③ 局部视图的标注方法同向视图，即在局部视图的上方用大写拉丁字母标注该视图的名称，在相应的视图附近用箭头指明投射方向，并标注相同的字母。局部视图如按基本视图的形式配置，这时视图名称可省略，如图7-5中的局部俯视图。

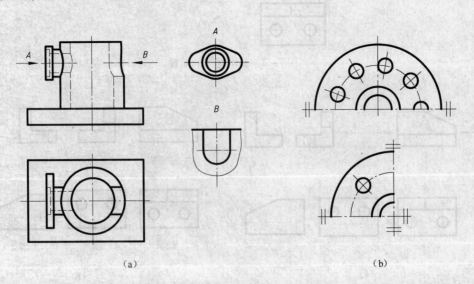

(a)　　　　　　　　　　　　　　　　　(b)

图7-4　局部视图

7.1.4 斜视图

斜视图是物体向不平行于基本投影面的平面投射所得的视图。

如图7-5所示的物体,由于其右上侧结构是倾斜的,无法在基本投影面中把该部分的真实形状表达清楚,这给绘图和看图带来困难,同时还不便于标注尺寸。为了清晰地表达这部分结构,可以选用一个平行于该倾斜结构的平面作为辅助投影面,仅将该倾斜部分向辅助投影面投射,从而得到倾斜部分的实形,其余部分用波浪线假想断开,如图7-5所示的A向视图。

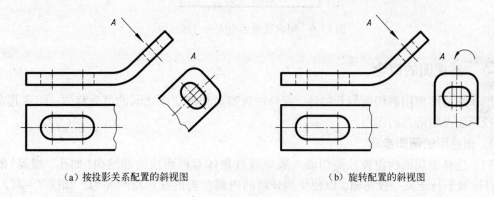

(a) 按投影关系配置的斜视图   (b) 旋转配置的斜视图

图7-5 斜视图

画斜视图时应注意以下几点。

① 必须在斜视图的上方用大写拉丁字母标注斜视图的名称,在相应的视图附近,用箭头指明表达部位和投射方向,并标注相同的字母。箭头一定要垂直于被表达的倾斜部分,而字母要按水平方向书写。

② 斜视图一般按投影关系配置,必要时也允许将图形旋转配置,但在标注视图名称时需加注旋转符号"⌒"或"⌒",旋转符号是半径为字高的半圆弧,箭头指向要与图形实际旋转方向一致,且将箭头靠近字母,如图7-5(b)所示。当需要标注出图形旋转角度值时,可将旋转角度标注在字母的后面。

7.2 剖视图

视图主要用于表达物体的外部结构和形状,当物体的内部结构比较复杂时,视图中的虚线就很多,如图7-6所示,而这些虚线往往与表示外形轮廓的粗实线交错、重叠在一起,影响图形的清晰度,既不便于画图和读图,又不利于标注尺寸,为了清晰地表达物体的内部结构,常常采用剖视图,"国标"GB/T17452—1998规定了剖视图的画法。

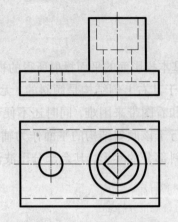

图7-6　用虚线表示物体的内部结构

7.2.1　剖视图的概念

剖视图是假想用剖切面剖开物体，将处在观察者和剖切面之间的部分移去，而将其余部分向投影面投射所得的图形。

1. 剖视图的画图步骤

（1）选择剖切面的位置。剖切面一般应通过物体对称面或内部结构（如孔、槽等）的轴线，且使其平行于某一投影面，以便使剖开后的内部结构的投影反映实形。如图7-7（a）所示，假想剖切面通过该物体的前后对称平面，并且平行于正立投影面。

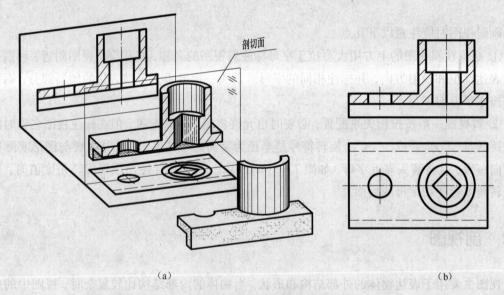

（a）　　　　　　　　　　　　　　（b）

图7-7　剖视图的概念

（2）画轮廓线。如图7-7（b）主视图所示，用粗实线画出物体被剖切到的断面的轮廓线，以及剖切面后所有的可见轮廓线。对已经表达清楚的结构省略不必要的虚线，但必要的虚线，不能省略，如图7-8中主视图上的虚线必须画出。

（3）画剖面符号。在剖视图中，剖切面与物体的接触部分，称为剖面区域，剖面区域内要画出剖面符号。不同的材料有不同的剖面符号，当不需要在剖面区域中表示材料类别时，均可采用通用的剖面符号，即一组与水平方向成45°角度，且间隔均匀的细实线，这种剖面符号称为剖面线。同一物体的各剖视图中，剖面线的间隔和方向应一致。当剖视图中的主要轮廓线与水平方向成45°或接近45°角时，则其剖面线应画成与主要轮廓或剖面区域的对称线成45°角。当需要表示材料时，可采用特定的剖面符号，如表7-2所示。

表7-2 剖面符号

金属材料 （已有规定剖面符号者除外）		基础周围的泥土	
线圈绕组元件		混凝土	
转子、电枢、变压器 和电抗器等的迭钢片		钢筋混凝土	
非金属材料 （已有规定剖面符号者除外）		玻璃等透明材料	
型砂、填砂、粉末冶金、 硬质合金刀片等		胶合板 （不分层数）	
木材	纵剖面	格网（筛网、过滤网等）	
	横剖面	液体	

由于剖视图是假想的，所以当一个视图画成剖视图后，其他视图仍应按完整物体画出，如图7-7(b)所示的俯视图，并不受剖视图的影响。剖视图的配置规定与基本视图相同，必要时允许配置在其他位置，但必须进行标注。

2. 剖视图的标注

为了在读图时便于找出剖视图的投影关系，一般应按下列规定进行标注。

(1) 剖切符号。由剖切位置和投影方向组成。剖切位置包括剖切面起、迄和转折位置，用短的粗实线表示，绘制长度约5~10 mm，尽量不与图形的轮廓线相交。投射方向用箭头表示，如图7-8所示。

(2) 剖视图的名称。在剖视图的上方用大写拉丁字母或数字标出剖视图的名称"×-×"，同时在剖切符号的剖切面起、迄和转折位置处标注相同的大写拉丁字母或数字"×"。

在下列情况中可省略或简化标注。

① 当单一剖切平面通过物体的对称平面或基本对称平面，且剖视图按投影关系配置，中间又没有其他图形隔开时，则可省略标注，如图7-7(b)和图7-8中的主视图所示。

② 当剖视图按投影关系配置，中间又没有其他图形隔开时，则可省略箭头，如图7-8中

的 $A-A$ 剖视图，但图 7-8 中的 $B-B$ 剖视图必须按规定标注完整的剖切符号。

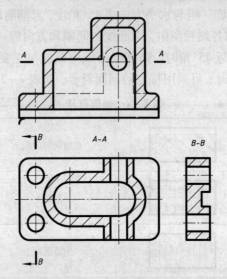

图 7-8 剖视图的标注

7.2.2 剖视图的种类

剖视图可分为全剖视图、半剖视图和局部剖视图。

1. 全剖视图

用剖切平面将物体完全剖开后，所得的剖视图称为全剖视图。如图 7-7 和图 7-8 中的剖视图所示，都是采用全剖视图，清楚地表达了该物体的内部结构。

全剖视图一般用于表达内部结构和形状复杂而外形比较简单的物体。

2. 半剖视图

当物体具有对称平面时，向垂直于对称平面的投影面上投射所得的图形，以对称中心线为界，一半画成剖视，另一半画成视图，这种剖视图称为半剖视图，如图 7-9 所示的物体的主视图。

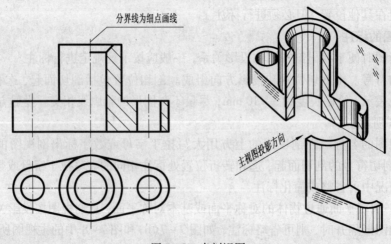

图 7-9 半剖视图

画半剖视图时应注意以下几点。

① 在半剖视图中，半个视图与半个剖视图的分界线应是细点画线，不能画成粗实线。

② 由于物体对称的内部结构和形状已在半个剖视图中表达清楚，所以在表达外部结构和形状的半个视图中，对应的虚线应省略不画。

③ 半剖视图中剖视图部分的画法和标注与全剖视图相同。

3. 局部剖视图

用剖切平面局部地剖开物体所得的剖视图，称为局部剖视图，如图 7-10 所示。

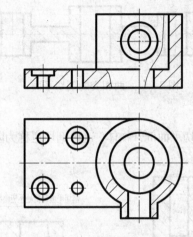

图 7-10 局部剖视图

局部剖视图用波浪线或双折线作为分界线，将其与其余视图分开。波浪线不应与图样上其他图线重合，不能是其他图线的延长线，也不应超出图形的轮廓线。在孔、槽等无实体部分不应画上波浪线，如图 7-10 所示俯视图上的波浪线。当被剖结构为回转体时，允许将该结构的中心线作为局部剖视图与视图的分界线。

局部剖视图是一种比较灵活的表达方法，应用比较广泛，常用于表达物体局部的内部结构或者不宜采用全剖或半剖视图的物体。但在一个视图中，局部剖视的数量不宜过多，以免使图形过于破碎。

7.2.3 剖切面的种类

1. 单一剖切面

用一个剖切面剖开物体，这种剖切称为单一剖，如图 7-7、7-8、7-9 所示。

2. 几个相交的剖切平面(剖切平面的交线垂直于某一基本投影面)

用几个相交的剖切平面剖开物体，这种剖切也称为旋转剖。采用这种方法画剖视图时，先假想按剖切位置剖开物体，然后将被剖切平面剖到的结构，旋转到与选定的投影面平行，再进行投射。用旋转剖画出来的剖视图，必须按规定进行标注，在剖切平面的起、迄和转折处画出剖切符号表示剖切位置，同时注上与剖视图名称相同的大写拉丁字母，字母应水平方向书写，并在剖切位置线的外侧画出与其垂直的箭头指明投射方向，在剖视图上方标出图名，如图 7-11 所示。

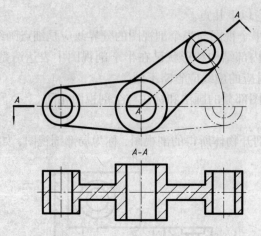

图 7-11　两相交的剖切平面

3. 几个平行的剖切平面

用两个或两个以上的平行剖切平面剖开物体，这种剖切也称为阶梯剖，如图 7-12(a)所示。

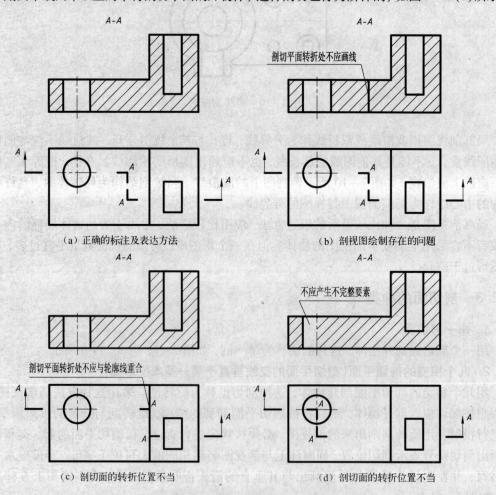

图 7-12　两个平行剖切面剖切物体

绘制阶梯剖的剖视图应注意的几个问题。

① 由于剖切平面是假想的，因此，剖切平面的转折位置在剖视图上不应画线，如图 7－12(b) 所示。

② 剖切平面转折时，不要与图中轮廓线重合在一起，如图 7－12(c) 所示。

③ 除非两个元素具有公共对称面或回转轴线，否则在剖视图中不应出现不完整的要素，如不要在半个孔处转折，如图 7－12(d) 所示。

用几个平行的剖切平面剖切后绘制的剖视图，必须按规定进行标注，如图 7－12(a) 所示。

7.3　断面图

假想用剖切面将物体的某处切断，仅画出剖切面与物体接触部分的图形，这种图形称为断面图，如图 7－13 所示。

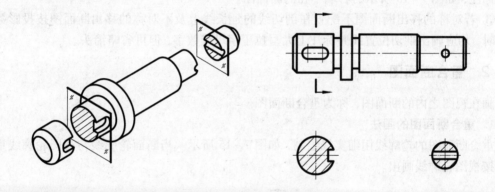

图 7－13　断面图的概念

断面图和剖视图的区别是：断面图仅画出剖切面剖到的断面的投影，而剖视图除了要画出断面的投影外，还要画出物体在剖切面后面部分的投影。

断面图常用来表达物体上某一局部结构的断面形状。如肋、键槽、凹坑、小孔、轮辐和型材的断面等。

断面图分为移出断面图和重合断面图两种。

7.3.1　移出断面图

画在视图外的断面图，称为移出断面图。

1. 移出断面图的画法

移出断面图的轮廓线用粗实线绘制，绘制时应注意：

① 移出断面图应尽量配置在剖切线的延长线上，如图 7－13 所示；

② 当断面图对称时，也可将断面图画在视图的中断处，如图 7－14 所示；

③ 当剖切平面通过回转面形成的孔或凹坑的轴线时，这些结构应按剖视图绘制，如图 7－13 所示的右端小孔的断面图。

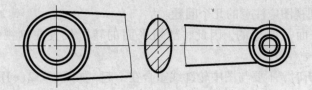

图 7-14　移出断面图

2. 移出断面图的标注

移出断面图的标注应注意以下几点。

① 移出断面图的标注方法与剖视图相同，一般应用剖切符号表示剖切位置和投射方向，并注上大写拉丁字母或数字"×"。在断面图的上方，标出相应的名称"× - ×"，如图 7-16 中的 $A-A$ 断面图所示。

② 当移出断面图配置在剖切线的延长线上时，不对称的移出断面图，应画出剖切符号，但允许省略字母或数字，如图 7-13 所示的左端键槽的断面图；对称的移出断面图，可全部省略标注，如图 7-13 所示的右端小孔的断面图。

③ 若对称的移出断面图不配置在剖切线的延长线上及不对称的移出断面图按投影关系配置时，均应画出剖切位置线并标注上大写拉丁字母或数字，但可省略箭头。

7.3.2　重合断面图

画在视图之内的断面图，称为重合断面图。

1. 重合断面图的画法

重合断面图的轮廓线用细实线绘制，如图 7-15 所示。当断面轮廓线与视图轮廓线重合时仍按视图轮廓线画出。

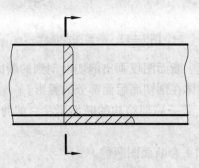

图 7-15　重合断面图

2. 重合断面图的标注

因为重合断面图直接画在视图内的剖切位置，所以标注时一律省略字母或数字。不对称的重合断面图需画出剖切符号，如图 7-15 所示。对称的重合断面图，可不加任何标注。

7.4　局部放大图和简化画法

为使图形清晰和画图简便，国家标准还规定了局部放大图和简化画法等表达方法，供绘图时选用。

7.4.1 局部放大图

将物体的部分结构，用大于原图形所采用的比例绘制的图形，称局部放大图。如图7-16Ⅰ、Ⅱ两处所示。在绘制局部放大图时应注意：

① 局部放大图可以画成视图、剖视图或断面图，它与被放大部分的表达方法无关；

② 需在原图形被放大位置处画一细实线圆圈，并在相应的局部放大图上方中间位置注出采用的比例；

③ 如果物体上有多处结构局部放大，则还需要将细实线圆圈用罗马数字顺序地编号，并在相应的局部放大图上方中间位置处标注出相应的罗马数字和所采用的比例。在罗马数字和比例数字之间画一条短的水平细实线；

④ 被放大部分与整体的断裂处一般用波浪线表示。局部放大图应尽量配置在被放大部位的附近；

⑤ 如果局部放大图上有剖面区域出现，那么剖面符号要与物体被放大部位的相同。

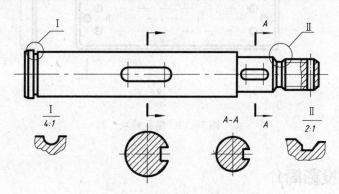

图7-16　局部放大图

7.4.2 简化画法

国家标准《技术制图》和《机械制图》规定，在能够准确表示物体结构和形状的条件下，为使画图简便，可以采用包括简化画法、规定画法等在内的图示方法。简化画法使制图简化，减少绘图工作量，提高设计效率，在不致引起误解的情况下，应优先采用。下面介绍国家标准规定的常用的简化画法。

① 当较长的物体或机械零件沿长度方向的形状一致或按一定规律变化时，例如轴、杆、型材、连杆等可以断开后缩短绘制，但图上尺寸仍注物体的实际尺寸，如图7-17(a)所示。

② 当物体具有多个按一定规律分布的相同结构(齿、槽等)时，只需画出几个完整的结构，其余用细实线连接，并注明该相同结构的总数，如图7-17(b)所示。

③ 若干直径相同且成规律分布的孔(圆孔、螺纹孔等)，可以仅画出一个或几个孔，其余孔只需用细点画线表示其中心位置，并注明孔的总数，如图7-17(c)所示。

此外，还有其他的一些简化画法，如当表示对称物体时，只画一半或四分之一的图形等，具体情况可查相关标准。

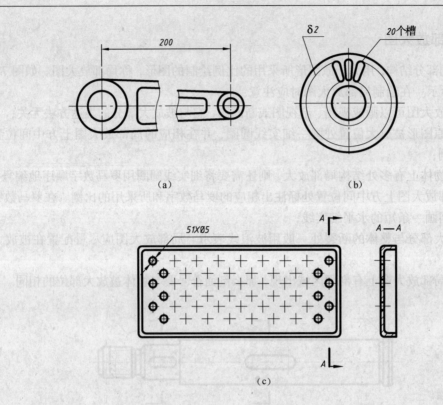

（a）　　　　　　　　　　　　　　（b）

（c）

图 7 – 17　简化画法

7.5　第三角投影简介

　　世界各国都采用正投影法来绘制工程图样，但多数国家采用第一角画法，也有一些国家采用第三角画法绘制工程图样。ISO 国际标准规定，在表达物体的结构和形状时，第一角画法和第三角画法等效使用。我国的 GB/T 14692—1993 中规定"应按第一角画法布置六个基本视图，同时也规定，必要时（例如合同中有约定等），允许使用第三角画法。"为适应国际科学技术交流的需要，对第三角画法的特点简介如下。

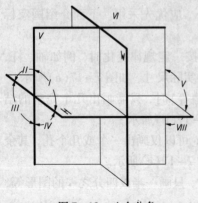

图 7 – 18　八个分角

　　三个相互垂直的平面 V、H 和 W，将空间划分为八个区域，每一区域称为分角，即第一分角，第二分角，第三分角，…，第八分角，如图 7 – 18 所示，分别用Ⅰ，Ⅱ，Ⅲ，…，Ⅷ表示。第一角画法是将物体置于第一分角内，使其处于观察者与投影面之间，即保持"人、物、面"的位置关系，如图 7 – 19 所示。第三角画法是将物体置于第三分角内，使投影面处于观察者与物体之间，假设投影面是透明的，并保持"人、面、物"的位置关系，在 V 面上由前向后投射得到的投影为前视图，在 H 面上由上向下投射得到的投影为顶视图，在 W 面上由右向左投射得到的投影为右视图，如图 7 – 20 所示。

　　第一角画法和第三角画法都是采用正投影法，第三角画法得到的各视图之间仍保持"长对正，高平齐，宽相等"的投影规律，即前、顶视图长对正，前、右视图高平齐，顶、右视图宽相等，前后对应。

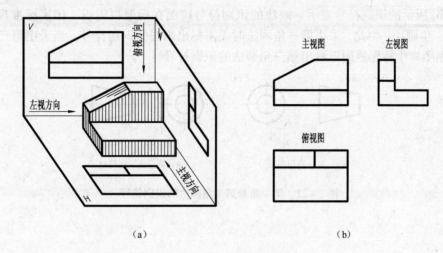

（a）　　　　　　　　　　　　　　　　　（b）

图 7 - 19　第一角画法

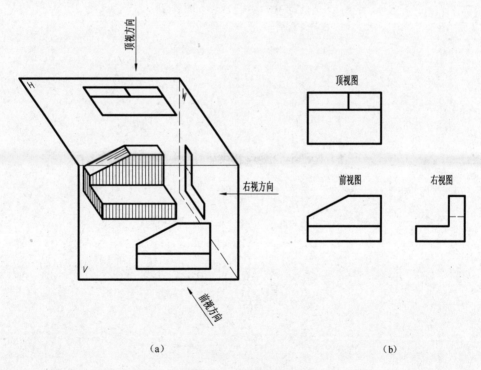

（a）　　　　　　　　　　　　　　　　　（b）

图 7 - 20　第三角画法

　　第一角画法和第三角画法的主要区别如下。

　　① 第三角画法规定，投影面展开时 V 面不动，H 面向上旋转 $90°$，W 面顺时针向前旋转 $90°$ 与 V 面在一个平面上，如图 7 - 20（a）所示，各视图的配置如图 7 - 20（b）所示，故与第一角画法的视图配置不同。

② 由于各视图的配置不同,第三角画法的顶视图、右视图靠近前视图的一边,表示物体的前面,远离前视图的一边,表示物体的后面,这与第一角画法正好相反。

在 ISO 国际标准中,第一角画法用图 7-21(a)所示的识别符号表示,第三角画法用图 7-21(b)所示的识别符号表示。画法的识别符号应画在标题栏附近。国家标准规定,我国采用第一角画法,因此,采用第一角画法时无需标出画法的识别符号。当采用第三角画法时,必须在图样中标题栏附近画出第三角画法的识别符号。

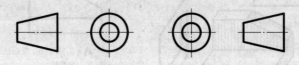

(a) 第一角识别符号　　　　　　　　(b) 第三角识别符号

图 7-21　第一角和第三角画法的识别符号

第8章 透视投影

用中心投影法将物体投射在单一投影面上所得到的图形称为透视投影，也称透视图。透视图富有立体感和真实感，更符合人眼观察物体所感知的视觉图，因此在多种领域中广泛使用，常见的有产品展示图和建筑渲染图，如图8-1所示。

图8-1 透视图

8.1 概述

8.1.1 透视投影的形成

图8-2表达了形成透视投影的空间过程，观察者的眼睛所在位置，相当于投射中心 S，称为**视点**。连接视点与丁字尺各点的直线称为**视线**。各视线与画面的交点为丁字尺上各相应点的透视，将画面上的透视点顺序连接，就得到丁字尺的透视。

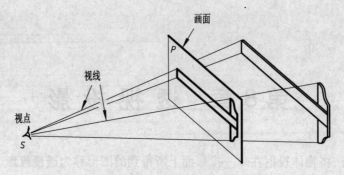

图 8-2　透视投影的形成

8.1.2　透视投影的画法

如图 8-3(a)所示，在透视投影中，H 面称为**基面**，P 面称为**画面**，基面与画面的交线 OX 称为**基线**。视点 S 在画面 P 上的正投影 s' 称为**主点**，在基面 H 上的正投影 s 称为**站点**。

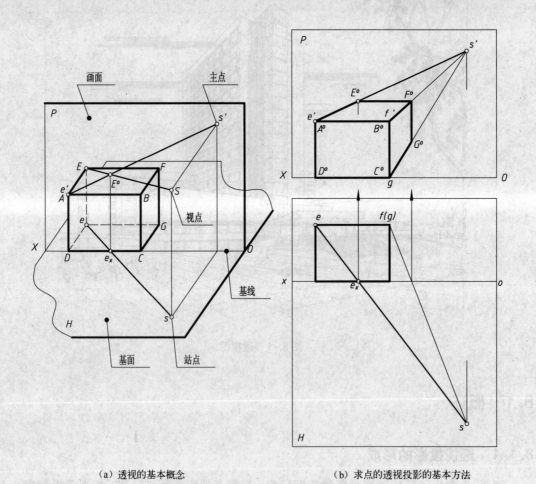

（a）透视的基本概念　　　　　（b）求点的透视投影的基本方法

图 8-3　长方体透视投影

绘制图 8-3(a)中长方体的透视投影时，由于前立面 $ABCD$ 在画面 P 上，其透视投影即为本身，反映实形。在长方体其他顶点中，以 E 点为例说明绘制点的透视投影的方法。分别求出视线 SE 在 H 面和 P 面上的正投影 se 和 $s'e'$，过 se 与 OX 的交点 e_X，作垂线在画面 P 内与 $s'e'$ 相交，其交点就是视线 SE 与画面 P 的交点 E^0，即 E 点的透视投影，简称 E 点的透视。

为了便于作图和图线清晰图，8-3(b)中将画面 P 和基面 H 在保持对应关系的前提下分开绘制。在 H 面内，连接 s、e 与基线 ox 交于点 e_X，过 e_X 作垂线与画面 P 中点 s'、e' 的连线相交得到 E 点的透视 E^0。根据同样的作图原理，可以求得 F^0 与 G^0。顺序连接各可见透视点，即得长方体的透视图。

从图 8-3(b)的透视结果可以得到以下关于直线的透视规律。

(1) 画面上的直线，其透视即为其本身，透视反映直线实长，如图 8-3(b)中的 A^0B^0、B^0C^0 等。通常将画面上的铅垂线的透视称为**真高线**，如图中的 A^0D^0、B^0C^0。

(2) 平行于画面的直线，其透视平行于直线本身，如图 8-3(b)中的 E^0F^0、F^0G^0；平行于画面的一组平行线，其透视仍相互平行，如图中的 A^0B^0 和 E^0F^0，B^0C^0 和 F^0G^0。

(3) 相互平行且与画面相交的一组直线，其透视交于一个公共点，如 8-3(b)图中 A^0E^0、B^0F^0、C^0G^0 交于共同的一个点 s'。

8.1.3　灭点及直线的全长透视

与画面相交的直线上无限远点的透视称为该直线的**灭点**。如图 8-4 所示，延长房屋上的直线 AB 至无限远点，该点的透视为连接视点与 AB 的无限远点的视线与画面的交点，这条视线过视点 S 与 AB 直线平行，与画面的交点为 F_1，所以 F_1 就是直线 AB 的灭点。

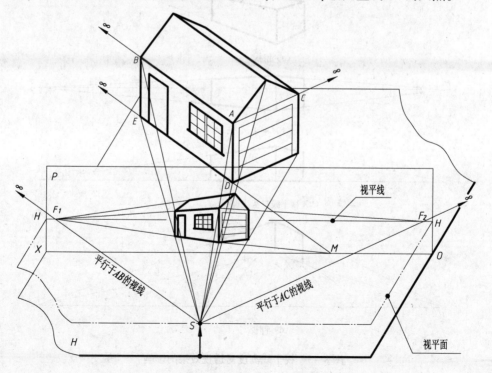

图 8-4　直线的灭点和全长透视

从图 8-4 可以看出，由于 *DE* 与 *AB* 平行，F_1 也是 *DE* 的灭点，即平行线具有共同的灭点。延长 *DE* 与画面相交于 *M*，连接 *M*、F_1，则 MF_1 为直线 *DE* 的全长透视，即直线与画面交点到该直线灭点的连线称为直线的**全长透视**，画面后直线上任一点的透视都在其全长透视上。

房屋上另一组平行线，即与直线 *AC* 平行的一组直线也与画面相交，这组平行线的共同灭点为 F_2。

如图 8-4 所示，过视点 *S* 的水平面称为视平面，视平面与画面的交线 *HH* 称为视平线。由于 *AB*、*AC* 都是水平线，所以分别与它们平行的视线也是水平线，所有水平视线都在视平面内，且水平视线与画面的交点都在视平线上，因此 *AB*、*AC* 的灭点 F_1、F_2 在视平线上，且所有水平线的灭点都在视平线上。

8.1.4 视高对透视效果的影响

视点距离基面的垂直距离 *Ss* 称为**视高**。一般情况下，可根据观察者眼睛的高度确定视高，一般选在 1.6~1.8 m 之间。但根据所绘制对象的形体特征、效果要求等的不同，也可将视点升高、降低或取在特殊位置，由于视高的不同，同一物体的透视会有不同的透视效果。

图 8-5(a) 中的视平线高于上底面，是俯视效果，也称鸟瞰图；图 8-5(b) 中的视平线在物体的高度范围内，是一种平视效果；图 8-5(c) 中的视平线与基线重合，这种透视效果可以出现在坐在船中观察岸上景物时；图 8-5(d) 中的视平线低于物体的下底面，是仰视效果。

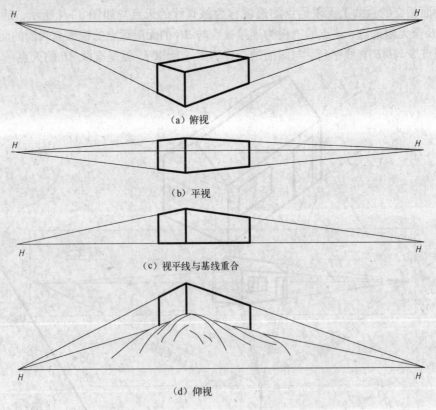

(a) 俯视

(b) 平视

(c) 视平线与基线重合

(d) 仰视

图 8-5 视平线高度对透视效果的影响

8.2　两点透视和一点透视

8.2.1　概念

　　一般物体都有三组相互垂直的棱线，图 8 - 6 中的物体具有分别平行于 AB、AC、AD 的三组平行棱线。把物体放在 H 面上，当画面垂直于基面时，其中必有一组棱线垂直于 H 面且与画面平行；另两组是水平棱线。

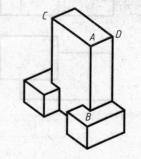

　　当两组水平棱线都倾斜于画面时，则分别在视平线上形成两个灭点，如图 8 - 7(a)所示。这种透视就称为**两点透视**。

　　当物体的某一立面平行于画面时，则有一组水平棱线平行于画面，另一组垂直于画面。平行于画面的直线没有灭点，垂直于画面的直线的灭点在主点上，如图 8 - 7(b)所示。这种透视就称为**一点透视**。

图 8 - 6　物体上的三组棱线

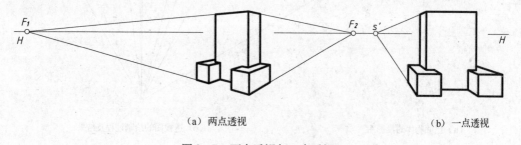

（a）两点透视　　　　　　　　　　　（b）一点透视

图 8 - 7　两点透视与一点透视

8.2.2　两点透视的画法

　　绘制两点透视图时，应充分利用两个灭点和真高线，先求各个棱线的全长透视，再确定物体上各顶点的透视。当棱线不与画面相交时，可将其延长至画面，求出其与画面的交点后，与棱线灭点相连，得到全长透视，然后再在直线的全长透视上确定各顶点的位置。

　　【例 8 - 1】　如图 8 - 8(a)所示，已知物体的两面投影图，求作物体的两点透视图。

　　分析

　　物体是由两个长方体组合而成的，有三组平行棱线。

　　作图

　　绘图结果见图 8 - 8(b)。绘图步骤如下：

　　(1) 确定物体与画面的相对位置：通常将物体的一条竖直棱线靠在画面上，使其成为真高线。常用的画面与立面的夹角为 30°、60°。在 H 面内选用 ox 与 ab 成 30°夹角；

　　(2) 确定站点 s：一般最外两侧视线夹角应在 30°左右，如图 8 - 8(b)中的 sb 与 sd 的夹角。视点 S 距画面的距离，即视距，约为透视图宽度的 1.5～2 倍，在图 8 - 8(b)中 sk 为视距，$b_X d_X$ 为透视图宽度；

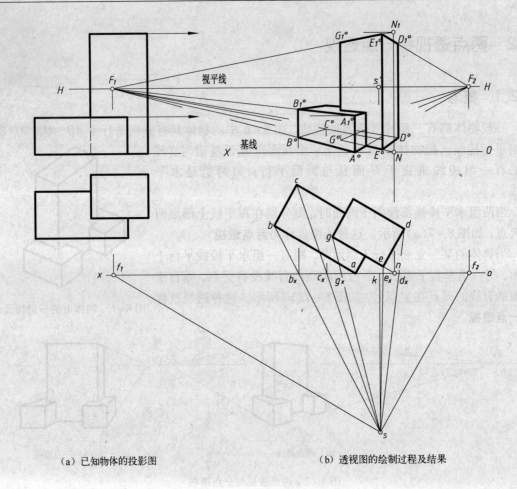

（a）已知物体的投影图　　　　　　　　　　（b）透视图的绘制过程及结果

图 8-8　两点透视图的绘制

（3）确定视平线位置：在画面 P 上，视平线选在高、低两个长方体的上底面之间，使得对较低的长方体形成俯视效果，加强两长方体高度的对比，透视效果较好；

（4）求灭点 F_1、F_2：在 H 面上过站点 s 作 $sf_1 /\!/ ab$ 与 ox 交于 f_1，过 f_1 引竖直线与 HH 线相交，得长度方向的灭点 F_1。再过站点 s 作 $sf_2 /\!/ ed$ 与 ox 交于 f_2，过 f_2 引竖直线与 HH 线相交，得宽度方向的灭点 F_2；

（5）绘制物体底面的透视：先求 A、B、C 各点透视，A 点透视 A^0 已知；连接 A^0、F_1，得 AB 的全长透视，在 H 面内连接 s、b 与 ox 线交于 b_x，过 b_x 引竖直线，与 $A^0 F_1$ 的交点即为 B 点的透视 B^0；连接 B^0、F_2，在 H 面内连接 s、c 与 ox 线交于 c_x，过 c_x 引竖直线，与 $B^0 F_2$ 的交点即为 C 点的透视 C^0；连接并延长 $F_1 C^0$ 与 $A^0 F_2$ 相交得底面矩形的第四顶点。

求 D、E、G 所在的底面矩形，在 H 面内，延长 ge 与 ox 相交于 n，过 n 点引竖直线与 P 面中的基线 OX 相交于 N，连接 NF_1 即为 EG 直线的全长透视，用上述方法即可定出该底面矩形的透视；

（6）求透视高度：由于点 A 所在棱线为真高线，棱线的透视长度等于实长。由点 A^0 向上引竖直线，从正面投影中量取棱线高度得到点 A_1^0；连接 A_1^0、F_1，过 B^0 向上引竖直线与 $A_1^0 F_1$

相交得 B_1^0；同理可求得 C^0。对于较高的长方体，先通过 N 点向上引出真高线 NN_1，NN_1 的长度等于棱长，连接 N_1、F_1 得全长透视，过 E^0 向上引竖直线与 N_1F_1 相交得 E_1^0，同理可求得其他各点。在连接各点时应注意两长方体交线之间的连接，加深可见的透视图线，即完成物体的透视图。

8.2.3 一点透视的画法

在一点透视图中，三组平行棱线中有两组平行于画面，其透视分别为水平线和竖直线；另一组垂直于画面的棱线，其透视线延长后都交于主点 s'。绘制一点透视时，同样应注意利用真高线和全长透视。

【例 8-2】 如图 8-9 所示，根据台阶的正投影图，绘制一点透视图。

分析

作一点透视时，物体的正面平行于画面，此时透视图中的水平线和铅垂线仍保持水平和竖直，因此台阶上所有正立面的透视仍为矩形。垂直于画面的所有直线的灭点均为主点 s'。

为了合理利用图纸，图中将基面 H 画在了画面 P 的上方，基线 ox 与站点 s 在基面 H 上，视平线 HH 与基线 OX 在画面上。

作图

绘图结果见图 8-9。绘图步骤如下：

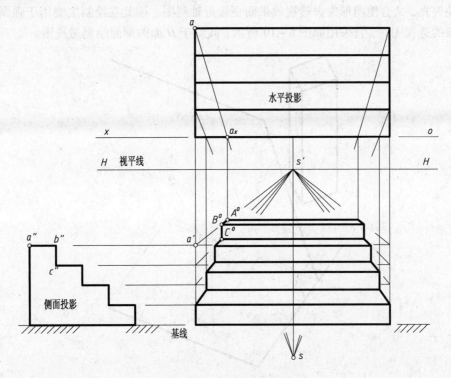

图 8-9 一点透视的绘制

（1）确定物体与画面的相对位置：将台阶的前立面靠在画面 P 上，使其在透视中反映实形；

（2）确定站点 s：按照【例8-1】的原则在 H 面内定出站点 s 的位置；

（3）确定视平线的位置：将视平线定在台阶之上，形成俯视效果，使得所有踏面（台阶上的水平面）都可见；

（4）求灭点：过站点 s 作竖直线与视平线 HH 相交于 s'，即为灭点；

（5）求正垂棱线的全长透视。根据已知的两面正投影图将台阶在画面上的正投影图用细线轻轻画出。正垂棱线与画面的交点就是其在画面上正投影的积聚点，将 s' 与各交点分别连接，即得到一组画面垂直线的全长透视。

（6）求顶点透视：以点 A 为例，连接 s、a 与基线 ox 交于 a_x，过 a_x 作竖直线，与 $a's'$ 相交于 A^0，同理可求出其他必要的各点。并非所有的顶点都需按上方法一一求出，如图8-9中的 C^0，当求得 B^0 后，过 B^0 作竖直线与 C^0 点所在直线的全长透视相交，即可得到 C^0。连接各点即得到台阶的透视图；

（7）完成透视图：求出点 A 所在左侧立面的透视后，即可根据直线的透视规律画出右侧立面的透视，加深可见的透视图线，完成台阶的透视。

8.3　三点透视

当物体的高度很高时，若仍采用垂直与基面的画面，会使透视效果失真。如果通过加大视距避免失真，又会使图形失去透视效果而更接近轴测图。因此在绘制主要用于强调物体高度或鸟瞰的透视图时，宜采用如图8-10所示，倾斜于 H 面的画面绘制透视图。

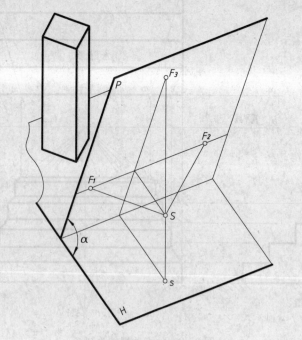

图8-10　三点透视的形成

当画面不垂直于 H 面时，三组主要棱线都倾斜于画面，即都与画面相交，在画面上有三个主要灭点，如图8-10所示，这种透视称为三点透视。图8-11（a）为仰视的三点透视图，

图 8 – 11(b)为鸟瞰的三点透视图。由于三点透视作图更为复杂,这里不介绍三点透视的具体画法。

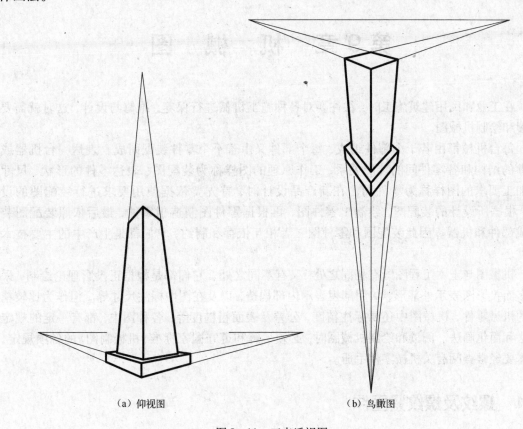

(a) 仰视图　　　　　　　　　　　(b) 鸟瞰图

图 8 – 11　三点透视图

第 9 章 机 械 图

在工业和民用建筑施工时，往往要对各种施工机械进行保养、维修与设计，这时就需要阅读和绘制机械图。

每台机械都由若干个部件组成，每个部件又由若干个零件装配而成。表达一台机器或部件的结构和各零件间的装配关系、工作原理的图样称为装配图；表达零件的形状、尺寸及加工要求的图样称为零件图。在新产品设计时，首先要依据使用要求进行装配图的设计，根据所设计的装配图，绘制出零件图，再根据零件图制造出零件，最后依照装配图装配成部件和机器。因此装配图和零件图二者相互依存和制约，它们都是生产中的主要技术文件。

机械图与土木工程图既有相同之处，又有不同之处。它们都是根据正投影理论绘制，采用多面投影图表示外部形状，用剖视表示内部构造，以及在图中标注尺寸等。但作为比较精密的机械零件，机械图中还要标注精度、公差及表面粗糙度等，各种图中，都有一定的规定画法和简化画法。阅读和绘制机械图时，必须了解和遵守国家标准《机械制图》的各项规定，还需要经常查阅有关机械零件手册。

9.1 螺纹及螺纹紧固件

任何机器或部件都是由一些零件组成的，要把制成的零件装配成一体，就需要用一定的方式把它们联接起来。螺纹联接是最常用的联接方式之一。应用螺纹并起紧固作用的零件称螺纹紧固件，下面介绍螺纹及螺纹紧固件的规定画法及标注。

9.1.1 螺纹

当一个平面图形（如三角形、梯形、矩形）绕着圆柱面（或圆锥面）的轴线作螺旋运动，而形成的圆柱（或圆锥）螺旋体，称为螺纹。

在圆柱表面上切制的螺纹称外螺纹，在圆柱孔内切制的螺纹称内螺纹。

1. 螺纹的要素

螺纹有如下几要素。

牙型：螺纹的轴向剖面形状为螺纹的牙型，常见的牙型有三角形、梯形、锯齿形等。

直径：大径（d，D）：与外螺纹牙顶或内螺纹牙底相重合的假想圆柱面的直径称为大径。一般公制普通螺纹其大径尺寸即为其公称直径，如图 9-1 所示。小径（d_1，D_1）：与外螺纹牙底或内螺纹牙顶相重合的假想圆柱面的直径称为螺纹小径。中径（d_2，D_2）：与沟槽和凸起宽度相等处相重合的假想圆柱面的直径称为螺纹中径。

线数（n）：在圆柱表面上形成螺纹的条数。

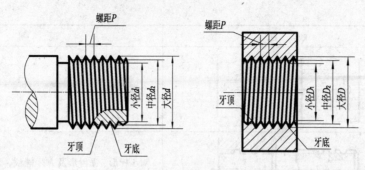

图 9-1　螺纹的直径

螺距 (P) 和导程：相邻两牙在中径线上对应点之间的轴向距离称为螺距。同一条螺旋线上相邻两牙在中径线上对应点之间的距离称为导程，螺距与导程之间的关系为：螺距 = 导程/线数。

旋向：即内外螺纹旋进时的旋转方向，分左旋和右旋两种。实际使用中右旋螺纹较多。

内外螺纹旋合时只有上述五要素完全相同才能实现。国家标准中对螺纹的牙型、大径、螺距这三个最基本的要素作了规定，凡这三项符合标准规定的，称为标准螺纹。若牙型符合标准，直径和螺距某一项不符合标准的称为非标准螺纹。

2. 螺纹的规定画法

由于螺纹已标准化，实际作图时，按国家标准规定画法绘制螺纹，见表 9-1。本章内容根据 GB/T 4459.1—1995 编写。

表 9-1　螺纹的规定画法

画　　法	说　　明
外螺纹（图示）	大径 d——主视图和左视图均画粗实线 小径——按 0.85d 在主视图上画细实线，在左视图上画约 3/4 圈细实线圈 螺纹终止线——粗实线 倒角——在左视图上不画
外螺纹剖视（图示）	螺纹终止线——没有剖切部分画粗实线，剖切后的部分只画从螺纹大径到小径一小段粗实线 左视图——垂直轴线剖切时，大径画粗实线圈；小径画约 3/4 圈细实线圆，剖面线画到粗实线
内螺纹（图示）	大径 D——主视图画细实线，左视图画约 3/4 圈细线圆 小径——按 0.85D 在主视图和左视图均画粗实线 螺纹终止线——粗实线 倒角——左视图不画 剖面线——画到粗实线

续表

画　法	说　明
内螺纹	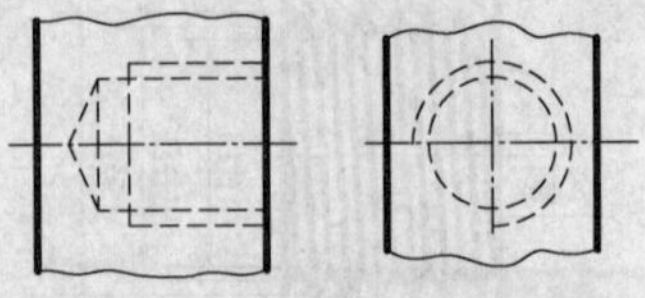 全部画虚线
牙型	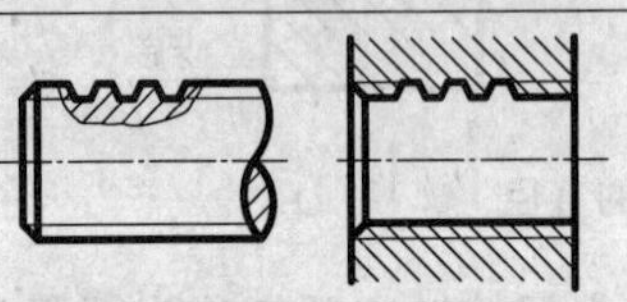 对于梯形、锯齿形及方牙螺纹，为了表示牙型画局部剖视
螺纹连接	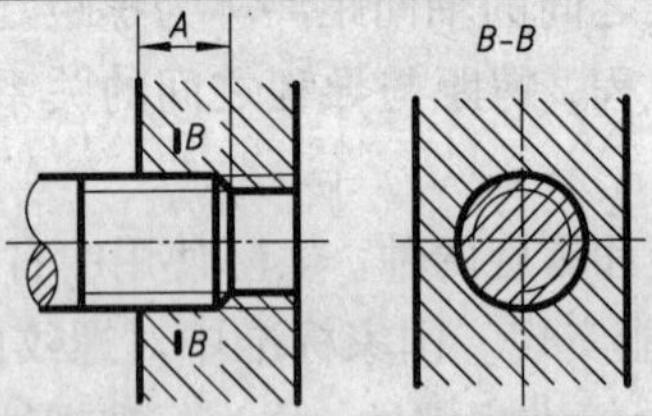 内、外螺纹连接部分 A 段按外螺纹画出，其余各部分按内、外螺纹规定画法画出 剖面线应画到粗实线处 在主视图上剖切平面通过螺杆轴线时，这时螺杆按不剖画出

3. 螺纹的标注方法

由于各种螺纹都按规定画法表示，因此要区别各种不同的螺纹，还必须在图上进行标注，表9-2给出了常用的两种螺纹的标注方法及其示例。

表9-2　常用螺纹的标注

螺纹类型		螺纹代号	标注方法	标注示例
普通螺纹	粗牙	M	M10-5g6g 顶径公差带代号 中径公差带代号 公称直径 螺纹代号	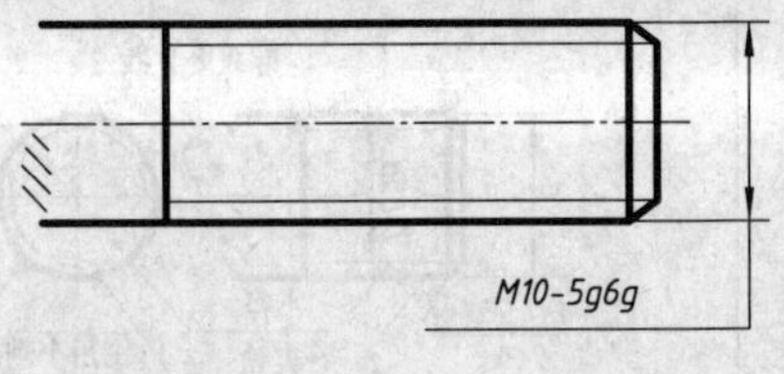 M10-5g6g
	细牙	M	M10×1-6g 顶径和中径公差带代号 螺距 公称直径 螺纹代号	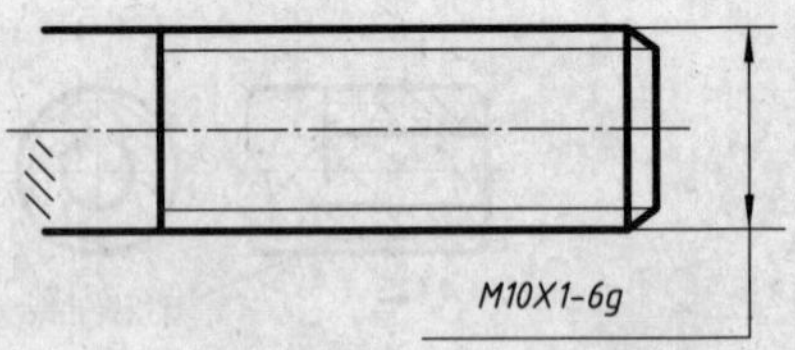 M10X1-6g
管螺纹	非螺纹密封的	G	内管螺纹　G　1/2 公称直径（英寸） 螺纹代号 外管螺纹　公差等级为 A 级 G 1/2A 公差等级为 B 级 G 1/2B	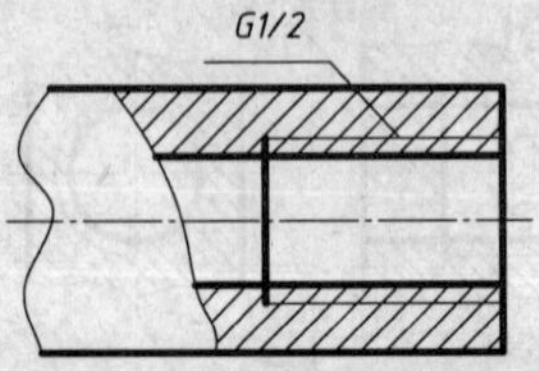 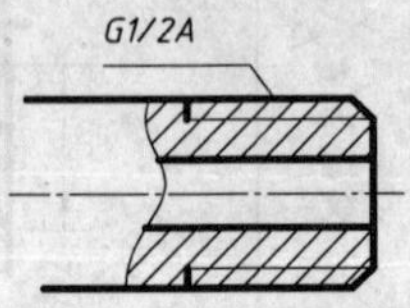 G1/2　　G1/2A

9.1.2 常用螺纹紧固件

螺纹紧固件包括螺母、螺栓、垫圈、螺钉等,起连接和紧固作用,它们一般都是标准件,只要给出规定标记,就可在相应的标准中查出全部尺寸及其他有关资料。常用螺纹紧固件及其规定标记如表9-3所示。

表9-3 常用螺纹紧固件

名　称	图例及规格尺寸	标记示例
螺栓(精制) (GB 5782—86)		螺栓 GB 5782—86－M20×80 表示螺纹规格为 d = M20,公称长度 L = 80 的粗牙普通六角头螺栓
螺钉 GB 65—85		螺钉 GB 65—85－M10×50 表示螺纹规格 d = M10,公称长度 L = 50 的开槽圆柱头螺钉
螺钉 GB 68—85		螺钉 GB 68—85－M10×60 表示螺纹规格 d = M10,公称长度 L = 60 的开槽沉头螺钉
双头螺柱 (GB 897～900—76)		螺柱 GB 898—76 A M12×60 表示两头都为粗牙普通螺纹,螺纹规格为 d = M12,公称长度 L = 60 的 A 型, b_m = 1.25 d(18)的双头螺栓
垫图 (GB 97.2—85)		垫圈 GB 97.2—85 10 表示用于螺纹直径 d = M10 的平垫圈
弹簧垫圈 (GB 93—87)		垫圈 GB 93—87 10 表示用于螺纹直径 d = M10 的弹簧垫圈
螺母 (GB 6170—86)		螺母 GB 6170—86－M12 表示螺纹直径 D = M12、A级 I 型的六角螺母

螺纹紧固件的基本连接形式有螺栓连接、双头螺柱连接和螺钉连接三种形式。仪器设备中最常见的是第一种和第三种，它们的连接装配图如下。

（1）螺栓连接装配图画法如图9-2所示。

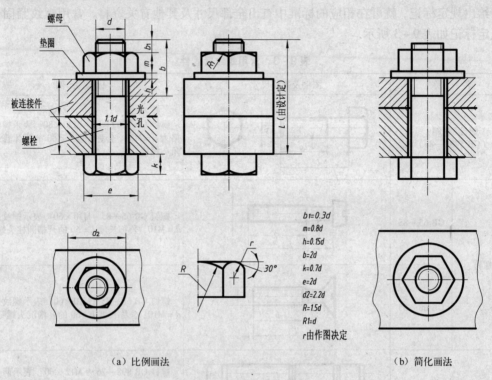

$b_1=0.3d$
$m=0.8d$
$h=0.15d$
$b=2d$
$k=0.7d$
$e=2d$
$d_2=2.2d$
$R=1.5d$
$R_1=d$
r由作图决定

（a）比例画法　　　　　　　　　　（b）简化画法

图9-2　螺栓连接装配画法

（2）螺钉连接的装配画法如图9-3所示。

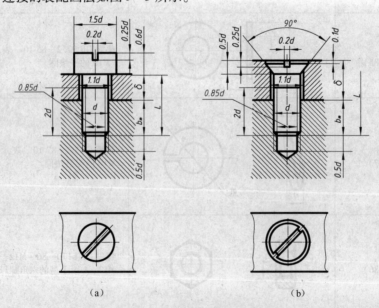

（a）　　　　　　　　　　（b）

图9-3　螺钉连接的装配画法

9.2　零件图

9.2.1　零件图的内容

图 9–4 所示为电容器夹的零件图,包括以下几部分。

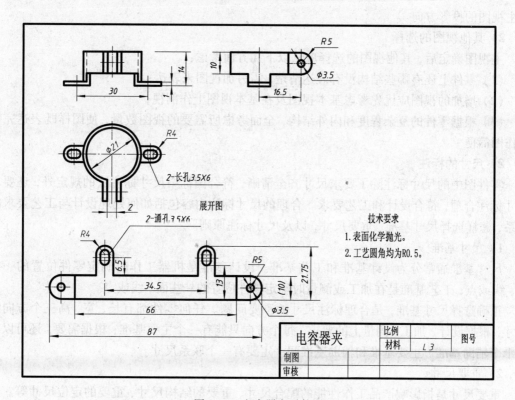

图 9–4　电容器夹零件图

（1）一组视图：表达零件各部分的内外结构形状。

（2）完整的尺寸：确定零件各部分结构形状的大小和位置。

（3）技术要求：用文字或符号标注出零件在制造和检验时应达到的要求。

（4）标题栏：填写零件的名称、材料、数量、比例等内容。

9.2.2　零件的视图表达

1. 视图的选择

由于零件的作用不同,故其结构形状也各不相同,视图表达要求能正确、完整、清晰地表达零件的内外结构形状,在便于读图前提下,力求作图简便。要满足这些要求,关键是分析零件的结构特点,选好主视图。

1）主视图的选择

选择主视图时应从以下两方面考虑。

（1）确定安放位置：应符合零件的主要加工位置或工作位置。

零件图是加工制造零件的依据，为了生产时看图方便，主视图一般应与加工位置一致，通常将回转体零件（轴、套、轮等），选择加工位置即轴线处于水平位置。但对于箱体类零件，需要在不同的机床上加工，且加工时装夹位置又各不相同，这时主视图就应按该零件在机器中的工作位置画出。

（2）确定投影方向：主视图是主要视图，应以最能清楚地表达零件的形状特征的方向做为主视图的投影方向。

2）其他视图的选择

主视图确定后，其他视图的选择应从以下几方面考虑：

（1）零件上还有哪些结构没有表达清楚，需另加视图来表达；

（2）增加的视图应优先考虑基本视图及在基本视图上作剖视；

（3）根据零件的复杂程度和内外结构，全面考虑所需要的视图数量，使图样既表达完整又作图简便。

2. 尺寸的标注

零件图中的尺寸标注除了要求尺寸齐全清晰，符合国标中尺寸标注法的规定外，还要求尺寸标注合理，符合设计和工艺要求。合理的尺寸标注内容包括如何处理设计与工艺要求的关系，怎样选择尺寸基准、重要尺寸，以及尺寸标注原则。

1）尺寸基准

尺寸基准通常分为设计基准和工艺基准。设计基准是机器工作时确定零件位置的一些面、线或点；工艺基准是在加工或测量时确定零件位置的一些面、线或点。

正确选择尺寸基准，是合理标注尺寸的重要问题。任何零件都有长、宽、高三个方向的尺寸，根据设计、加工、测量上的要求，每个方向只能有一个主要基准；根据需要，还可以有若干个辅助基准。主要基准和辅助基准间一定要有一个联系尺寸。

2）重要尺寸

重要尺寸是指影响产品工作性能的配合尺寸、重要的结构尺寸、重要的定位尺寸等。这些尺寸要在零件图上直接标注出来。

3）避免出现封闭的尺寸链

因为机械产品的精度较高，尺寸标注时不允许出现封闭尺寸链。如图 9-5(a) 所示如果将 A_1、A_2、A_3、A_4 四个尺寸都标出来，就构成了一个封闭尺寸链。这种标注方法可能会因为误差积累而造成尺寸超差，产生废品。解决的方法是在其中选择一个不重要的尺寸不标注，如图 9-5(b) 中的 A_2，这样可以使其他尺寸误差都积累在 A_2 处。

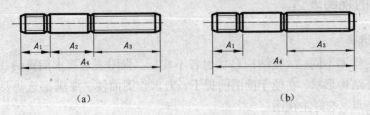

　　　　　　（a）　　　　　　　　　　　　　　　　（b）

图 9-5　避免出现封闭的尺寸链

3. 零件图中的技术要求

用来说明加工该零件时对其表面的要求，包括以下几个方面内容。

1）表面粗糙度

表面粗糙度是指零件表面经加工后及材料的塑性变形所引起的微观不平程度。在实际工作中，零件的用途、作用不同，要求的表面粗糙度不同。通常零件的表面粗糙度用去除材料符号 √，加注表面粗糙度值表示。粗糙度的数值越大，说明表面越粗糙，数值越小，表面越光滑。不需加工的表面用不去掉材料符号 √ 表示。未注在视图上的表面粗糙度在图纸右上角写出。

2）公差

零件的加工精度包括尺寸精度、形状精度和位置精度。这些精度都用公差的大小来体现。所谓公差就是零件的尺寸在加工时允许的最大变动量。如图 9–6 所示，有四个重要尺寸注上公差，$\varnothing 20^{+0.015}_{+0.002}$ 和 $\varnothing 16^{+0.023}_{-0.012}$。。其中 $\varnothing 20$ 和 $\varnothing 16$ 基本尺寸，写在基本尺寸右上角的是上偏差，写在基本尺寸右下角的是下偏差。$\varnothing 16^{+0.023}_{-0.012}$ 表示此处的轴径的最大极限尺寸是 $\varnothing 16.023$。，最小极限尺寸是 $\varnothing 15.988$。，零件的实际加工尺寸在 $\varnothing 16.023 \sim \varnothing 15.988$ 之间都是合格的，否则就为不合格品。同理，轴径 $\varnothing 20^{+0.015}_{+0.002}$ 的实际尺寸应在 $\varnothing 20.015 \sim \varnothing 20.002$ 之间。

各偏差值应根据设计时的要求，从有关零件手册中查得。

3）其他技术要求

集中写在标题栏上方适当位置，内容包括热处理及表面镀涂等要求，可参看有关资料。

9.2.3 几种典型零件的视图表达

1. 轴和套筒类零件

轴和套筒类零件常由几段不同直径的回转体组成，这类零件常在车床或磨床上加工制成。

（1）主视图的选择：轴应按加工位置原则安放，即使轴线处于水平位置，并把直径较小的一端放在右边。主视图选垂直于轴线的投射方向，并将键槽转向正前方。

（2）其他视图的选择：由于轴上各段圆柱体可用符号"∅"来表示直径的大小，因此不必画左视图。轴上键槽深度可用移出断面来表示，如图 9–6 中 B–B 断面。

2. 箱体类零件

箱体类零件包括各种箱体、壳体、阀体、泵体等。图 9–7 所示为阀体的零件图。

箱体类零件的结构特点：箱体类零件主要起包容、支承其他零件的作用，常有内腔、轴承孔、凸台、肋、安装板、光孔、螺纹孔等结构。

加工方法：毛胚一般为铸件或焊接件，然后进行各种机械加工。

主视图选择：主要按形状特征和工作位置来选择。

视图表达方法：一般都需要两个以上的基本视图来表达，采用通过主要支承孔轴线的剖视图表示其内部结构，一些局部结构常用局部视图、局部剖视图、断面图等表达。

3. 其他零件

除了上述常见的典型零件外，还有一些电信、仪表工业中常见的薄板冲压件、镶嵌件等，下面简要介绍这两种零件的表达。

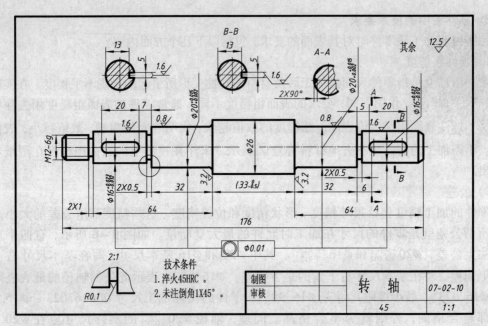

图9-6 轴类零件视图选择

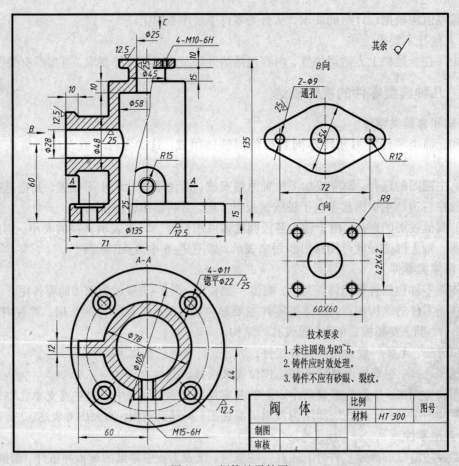

图9-7 阀体的零件图

1）薄板冲压件

这类零件一般由等厚薄板冲压而成，如图9-8所示。

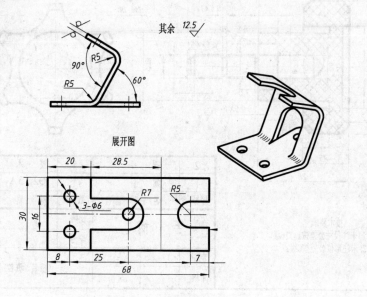

图9-8　冲压件

薄板冲压件的结构特点：这类零件主要由薄金属板材制成，厚度均匀，其上常有孔、槽等结构，零件的弯折处有圆角。

加工方法：由金属板材经剪裁、冲孔、再冲压成型。

主视图选择：以零件的主要弯曲方向或板面上显示孔组的视图做为主视图。

视图表达方法：冲压件一般用两个或两个以上的视图，再适当采用局部视图、剖视、断面等来表达。零件上孔的形状和位置在一个视图上已表达清楚，在其他视图上就不必再画出，只用中心线（或轴线）表示其位置，而表示孔的虚线可省去不画。对于弯曲前的板料展开图，必要时也应画出。并在图形上方标注"展开图"字样。当板材很薄时，为了清晰表达图形，可采用夸大画法画出板的厚度。

2）镶嵌零件

这类零件通常由金属件与非金属材料镶嵌在一起，成为一个整体的组件。图9-9所示为手柄，它是由金属螺杆与胶木捏手镶嵌而成的。

结构特点：由金属件、非金属材料镶嵌而成为组件。

加工方法：先加工好金属件，再与非金属材料镶嵌形成一个整体。

主视图选择：主要按镶嵌关系和形体特征选择。

视图表达方法：镶嵌件作为一个组件，可绘制在一张零件图上，在明细栏内说明其组成零件的名称、材料等；在装配图上只编一个序号。通常采用两个或两个以上的视图，并采用适当的剖视、断面等来表达。绘制镶嵌件图样时，不但要表达清楚镶嵌关系，而且还要表达各部分结构的全部形状。用剖面符号区别不同的零件。

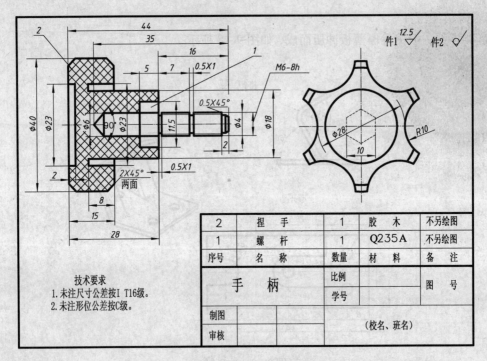

图 9-9　手柄的零件图

2	捏　手	1	胶　木	不另绘图
1	螺　杆	1	Q235A	不另绘图
序号	名　称	数量	材　料	备　注

手　柄	比例		图　号	
	学号			
制图				
审核		(校名、班名)		

9.3　装配图

9.3.1　装配图的内容

图 9-10 是行程开关的装配图,从图中可以看出,一张完整的装配图应具有下列内容。

(1) 一组视图。用以表达机器或部件的工作原理,零件间的装配关系、连接方式及其主要零件的结构形状等。

(2) 必要的尺寸。表示机器或部件的性能(规格)尺寸、装配尺寸、安装尺寸、总体尺寸及设计时确定的重要尺寸。

(3) 技术要求。用文字或符号说明机器或部件的性能及装配、安装、调试、使用与维护等方面的要求。

(4) 序号、明细表、标题栏。在装配图上,必须对每个零件编写序号,并在明细栏中依次列出零件序号、名称、数量、材料等。标题栏中,写明装配体的名称、图号、绘图比例及有关人员签名等。

图 9-11 为二位三通行程开关,是气动控制系统中位置检测器,它能将机械运动瞬时转变为信号,在正常情况下,由于弹簧作用,阀芯右端紧靠阀体,且有密封圈密封,气源孔与发信孔隔离。工作时,阀芯受外力作用右移,从而打开了气源孔与发信孔的通道,发信孔便有信号输出。当外力消失后,由于弹簧的作用阀芯复位,残留在阀体左空腔中的气体,可以从泄气孔中排出。

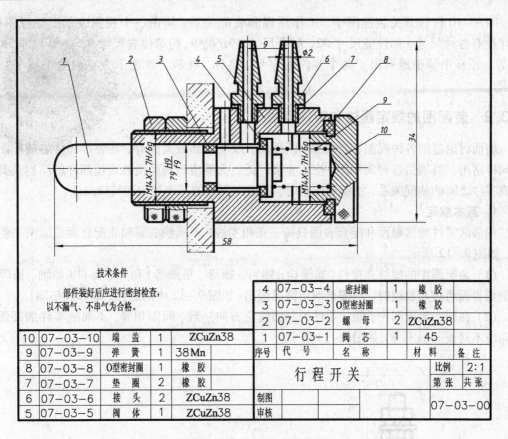

技术条件

部件装好后应进行密封检查，
以不漏气、不串气为合格。

10	07-03-10	端 盖	1	ZCuZn38	
9	07-03-9	弹 簧	1	38Mn	
8	07-03-8	O型密封圈	1	橡 胶	
7	07-03-7	垫 圈	2	橡 胶	
6	07-03-6	接 头	2	ZCuZn38	
5	07-03-5	阀 体	1	ZCuZn38	
4	07-03-4	密封圈	1	橡 胶	
3	07-03-3	O型密封圈	1	橡 胶	
2	07-03-2	螺 母	2	ZCuZn38	
1	07-03-1	阀 芯	1	45	
序号	代 号	名 称	材 料		备 注

行 程 开 关		比例	2:1
		第 张	共 张
制图			07-03-00
审核			

图 9-10 行程开关装配图

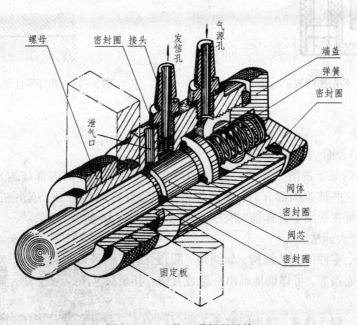

图 9-11 二位三通行程开关

图9-10行程开关装配图中,工作原理和装配关系,均由一个视图表示。除视图外,还标注有各种尺寸,如性能尺寸$\phi2$,配合尺寸$\phi9H9/f9$,相对位置尺寸9,外形尺寸58和34等。图样中详细地列出了每个零件的序号、名称、材料。视图下方空白处书写了技术要求。

9.3.2 装配图的规定画法和特殊画法

前面讨论过的各种视图、剖视图和断面图,以及局部放大图等,在表达部件的装配图中也同样适用。特别是各种剖视图,应用非常广泛。为能清晰而简便地表达部件的结构及其各组成零件之间的装配关系,绘制装配图时,需遵守下述的基本规定和特殊画法。

1. 基本规定

相邻两零件的接触面和配合表面只画一条粗实线;不接触表面和非配合面应画两条粗实线,如图9-12所示。

（1）装配图中的螺纹连接件(如螺栓、螺钉、螺母、垫圈等)和实心零件(如轴、销等),当剖切平面通过其轴线时,均按不剖切情况画出(如图9-12中的螺栓、螺母和垫圈)。

（2）在同一装配图中,同一零件的剖面线应方向一致、间隔相等;不同的零件的剖面线方向应不同或间隔不等,如图9-13所示。

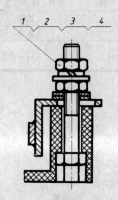

图9-12 装配图的规定画法

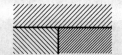

图9-13 相邻零件剖面线的画法

2. 特殊画法

1）沿零件结合面剖切或拆卸画法

在装配图中的某个视图上常有一个(或几个)零件遮住部件的内部结构及其他零件的情况,若需要表达这些被遮挡部分时,可假想将遮挡零件拆卸后再画,或沿结合面剖切表示,当需要说明时,可在视图上方标注"拆去 ✕✕",如图9-14所示。

2）简化与夸大画法

在装配图中,零件的工艺结构,如倒角、圆角、退刀槽等可省略不画。对于若干相同的零件组,如螺栓连接等,可详细地画出一组或几组,其余只需用点划线表示其装配位置即可。如图9-15所示。

对薄片零件、细丝弹簧、微小间隙等若按它们的实际尺寸在装配图中很难画出或难以明显表示时,均可不按比例而采用夸大画法。如图9-15所示。

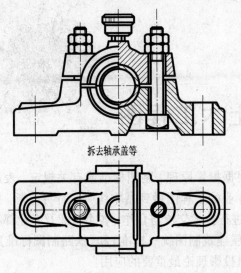

图 9-14 拆卸画法

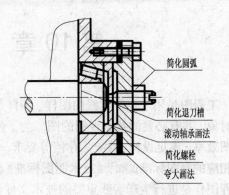

简化圆弧
简化退刀槽
滚动轴承画法
简化螺栓
夸大画法

图 9-15 简化与夸大画法

3）假想画法

在装配图中，若需要表达某些运动零件的极限位置时，可用双点划线画出它们的极限位置的外形图，如图 9-16 所示。此外，在装配图中，若需要表达出与本部件相关，但又不属于本部件的零件时，亦可采用假想画法画出相关部分的轮廓。

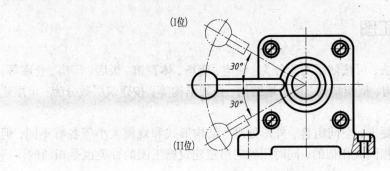

图 9-16 假想画法

第 10 章　土木工程图

工程图是用于生产实践的图样，图样是指根据投影原理、制图标准或有关规定，表达工程对象，并有必要的技术说明的图。为了使各专业的工程图做到基本统一、简明清晰、提高绘图效率，满足设计、生产、存档等要求，便于进行技术交流与合作，各个行业及专业都制定有相应的制图标准，如：《技术制图标准》、《房屋建筑制图统一标准》和《铁路制图标准》等，工程图样是进行生产实践重要的技术文件，也是投影理论最重要的应用。

土木工程涉及的范围非常广泛，有房屋建筑、桥梁工程、水利工程、隧道及地下工程等。

不同的土木工程由于其功能和用途不同，其图样的表达方法也各不相同，不同的专业都有各自的专业制图标准和习惯表达法。

以下就以房屋建筑施工图和桥梁施工图为例，介绍其图示方法和特点。

10.1　房屋建筑施工图

房屋的分类有多种方法，可按使用功能分为：住宅、商场、体育馆、饭店、厂房、仓库等；按结构形式分为：砖混结构、框架结构、剪力墙结构、排架结构等；按建筑层数分为：单层建筑、多层建筑和高层建筑。

虽然各种房屋的使用要求、空间组合、外形处理、结构形式和规模大小等各有不同，但构成建筑物的主要部分是相同或相似的，同时用到的房屋建筑施工图的种类也是相同的。房屋建筑图包括以下几种。

① 建筑施工图（简称建施）用来表示房屋的总体布局、外部形状、内部布置、细部构造及内外装修等情况的工程图样。建筑施工图主要包括设计说明、总平面图、平面图、立面图、剖面图、建筑详图和门窗表等。

② 结构施工图（简称结施）是关于承重构件的布置、使用的材料、形状、大小及内部构造的工程图样。

③ 设备施工图（简称设施）主要包括给排水、采暖、通风、电气等施工图。

现以建筑施工图中的总平面图、平面图、立面图、剖面图为例，说明其形成及图示特点。

10.1.1　总平面图

总平面图是工程总体布局的水平投影图，如图 10-1 所示，它应反映新建房屋与原有建筑及周围环境之间的关系，表示新建房屋的位置、朝向和占地范围，以及室外场地、道路、绿化的布置和地形、地貌、标高等。

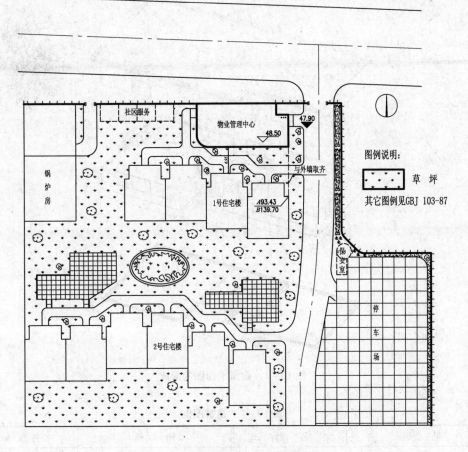

×××小区物业管理中心总平面图 1:500

图 10-1　总平面图

10.1.2　建筑平面图

平面图主要表示房屋的平面形状及占地大小，内部的布置及房间分隔，房间的大小及朝向，台阶、楼梯、门窗等局部的位置和大小，墙的厚度等。

1. 建筑平面图的形成

用一个假想水平面在门窗洞口的位置将房屋剖开，绘制出剖切平面以下部分的水平剖视图称为建筑平面图，简称平面图，如图 10-2 所示。一般地说，房屋有几层就应绘制几个平面图，并应在图的下方注明图名和比例，但一幢房屋中如有若干个楼层完全相同时，则可用一个平面图表示布局相同的楼层，称为标准层平面图。

2. 图示特点

如图 10-3 所示，建筑平面图有如下特点。

（1）图中剖到部分的轮廓用粗实线绘制，由于常用的 1:100 的比例较小，图中的门、窗、楼梯等细部都用图例绘制，表 10-1 列出了部分建筑图例。

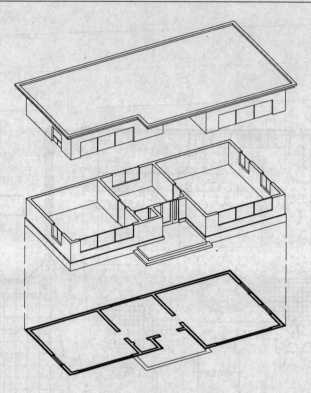

图 10-2　建筑平面图的形成

表 10-1　建筑图例

图　例	名　称	图　例	名　称
	新建的墙和窗		单扇门（包括平开或单面弹簧门）
	百叶窗		卷门

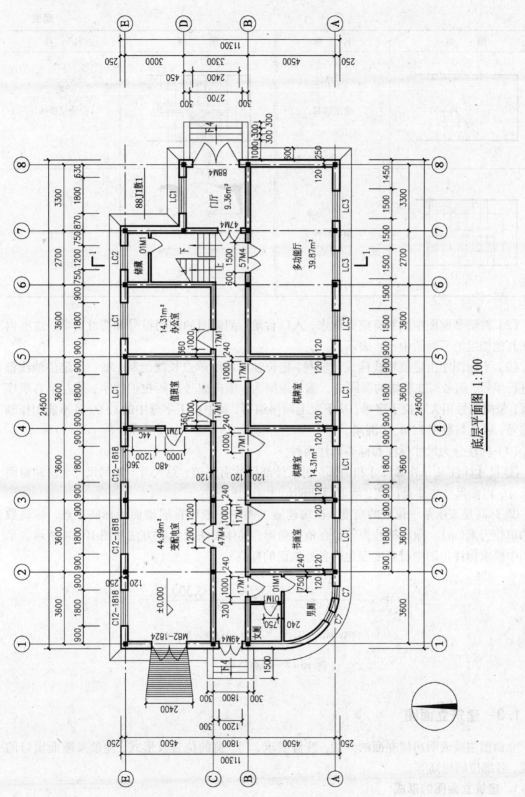

底层平面图 1:100

图 10-3　首层平面图

续表

图　例	名　称	图　例	名　称
	底层楼梯		中间层楼梯
	顶层楼梯		孔洞
			坑槽

（2）首层平面图中绘制有室外散水、入口台阶、剖面图的剖切符号和指北针等，这些内容在其他楼层的平面图中不再表示。

（3）平面图中由定位轴线构成了轴网，定位轴线用细单点长线绘制，每一条定位轴线都需进行编号，编号写在轴端的圆圈内。编号原则为：横向编号用阿拉伯数字，从左至右顺序编写；竖向编号用大写拉丁字母，从下至上顺序编写，其中拉丁字母中的 I、O、Z 不能用作轴线编号，以免与数字 1、0、2 混淆。

（4）标注分为尺寸标注和标高标注两种。

① 尺寸标注又分外部尺寸和内部尺寸，外部尺寸有三道：总尺寸、轴间尺寸、窗和窗间墙尺寸；内部尺寸主要是门宽、墙厚等细部尺寸。

② 标高是表示某一位置的高度，在房建施工图中一般以首层地面为标高零点。标高数值的单位为米（m）。标高符号为等腰直角三角形，具体画法及标注方法如图 10−4 所示。平面图中要求标注出图中有高度变化的各处地面的标高。

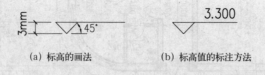

（a）标高的画法　　　　　（b）标高值的标注方法

图 10−4　标高符号

10.1.3　建筑立面图

立面图主要表明房屋立面的外貌、装修要求，门、窗的位置及形式，屋顶及屋面出口的形式，各部位的标高等。

1. 建筑立面图的形成

建筑立面图是投影面平行于建筑物某个立面所作的正投影图，简称立面图，如图 10−5

所示。立面图的名称一般根据定位轴线号确定,如图 10-6 所示为⑧-①立面图,建筑物也可按平面图中各面的朝向确定立面图的名称。绘制房屋的立面图时,一般各个方向都应绘制出立面图。

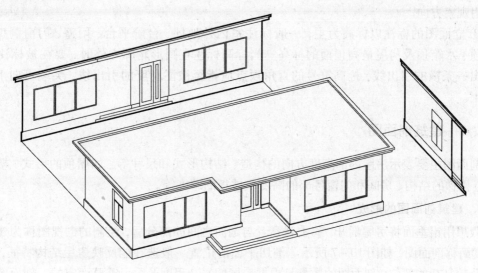

图 10-5　建筑立面图的形成

2. 图示特点

如图 10-6 所示,建筑立面图的特点如下。

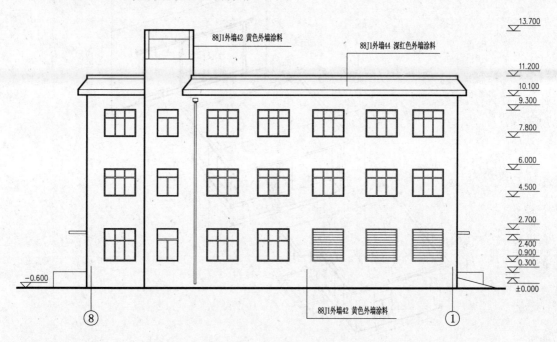

⑧～①立面图1:100

图 10-6　立面图

① 立面图上的屋脊、外墙等房屋主要外轮廓线用粗实线绘制，室外地坪线用 1.4b 的加粗实线绘制。立面图应与平面图所选比例一致，雨水管、门、窗等细部用图例绘制。

② 在立面图中一般只画出两端的定位轴线，以便与平面图对照并根据其编号及相对位置判明观察方向。

③ 立面图的标注以标高为主，一般标注室内外地坪、台阶平台、雨蓬、门窗洞口、女儿墙顶、水箱顶及房屋最高顶面的标高。当标高标注在图形轮廓之外时，要在被标注的位置引出一条横的引出线，标高符号的直角顶点应指至被注高度的引出线，尖端可向下，也可向上。

10.1.4　建筑剖面图

剖面图主要表示房屋内部高度方向的构造、结构形式和尺寸等，如屋顶的形式、楼房的分层、楼梯的结构、房间和门窗各部的高度及楼板的厚度等。

1. 建筑剖面图的形成

假想用铅垂面将房屋剖开，移去观察者与剖面之间的部分后，绘制的剖视图称为建筑剖面图，简称剖面图，如图 10-7 所示。剖切平面的位置一般选在能反映房屋结构特征，有代表性及较复杂的部位，剖面图的数量是根据房屋的复杂程度及图示需要而定的。剖面图的图名及投影方向应与平面图上的标注一致。

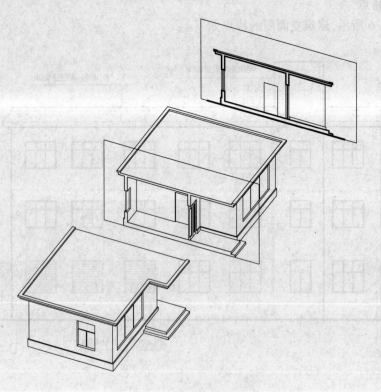

图 10-7　建筑剖面图的形成

2. 图示特点

如图 10-8 所示,建筑剖面图的特点如下。

① 剖面图中只绘制基础以上部分,基础用折断线断开不画,基础部分由结构图来表示。剖面图的比例一般与平面图相同,也可采用较大的比例,如 1:50。室外地坪线用 1.4b 的粗实线绘制,其他图线的要求与平面图相同。定位轴线只标注外墙轴线。

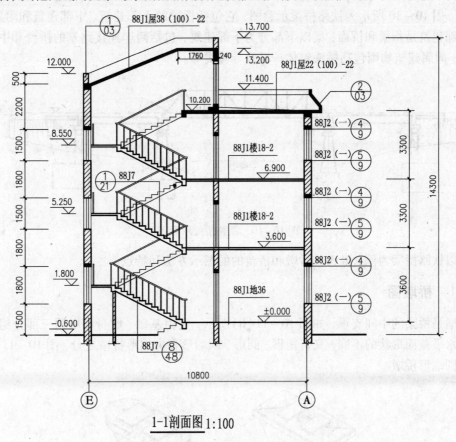

1-1剖面图 1:100

图 10-8   1-1 剖面图

② 图中用到了如图 10-9 所示的索引符号,它是用于查找相关图纸的。当图样中的某一局部或构件未表达清楚,而需另见详图,以得到更详细的尺寸及构造作法时,就要通过索引表明详图所在位置。

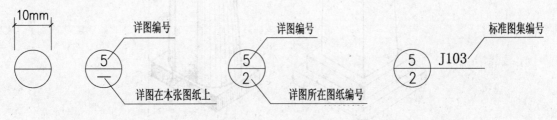

图 10-9 索引符号

③ 剖面图中的尺寸标注的重点是高度尺寸及内部门、窗洞口尺寸。标高标注主要包括室内外地坪、楼地面、楼梯休息平台、阳台、台阶、屋顶、檐口及女儿墙顶等。

10.2　桥梁工程图

　　桥梁的应用范围也非常广泛，常见有跨越江河、湖海等障碍的铁路桥、公路桥，城市中的立交桥、过街天桥等，不同桥梁的形式、规模有着很大的差别，但其构造和组成基本相同或相似。图 10－10 所示为铁路桥梁示意图，它包括桥梁的上部建筑、下部建筑和附属建筑，其中上部建筑是指梁和桥面；梁以下部分为下部建筑，包括两岸连接路基的桥台和中间的支承桥墩；附属建筑物则包括桥头锥体护坡及导流堤等。

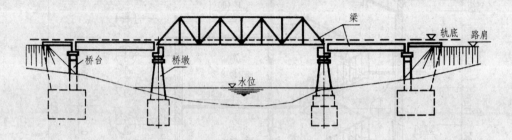

图 10－10　铁路桥梁示意图

　　现以铁路桥梁为例，说明其桥墩和桥台的的图示方法和特点。

10.2.1　桥墩图

　　桥墩是桥梁的中间支承，如图 10－11（b）所示，它由基础、墩身和墩顶三部分组成。根据墩身水平截面形状的不同，又有矩形、圆形、圆端形和尖端形桥墩之分，图 10－11 所示为矩形和圆端形桥墩。

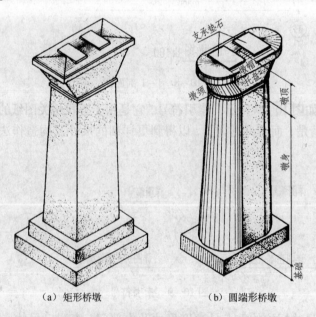

（a）矩形桥墩　　　　（b）圆端形桥墩

图 10－11　桥墩

　　桥墩图包括桥墩总图、墩顶构造图和墩顶钢筋布置图等。桥墩顺线路方向的投影称为正面图；垂直线路方向的投影称为侧面图。下面以圆端形桥墩为例介绍。

1. 桥墩总图

　　桥墩总图主要是表达桥墩的总体概貌、部分尺寸和各部分的材料，如图 10 - 12 所示。

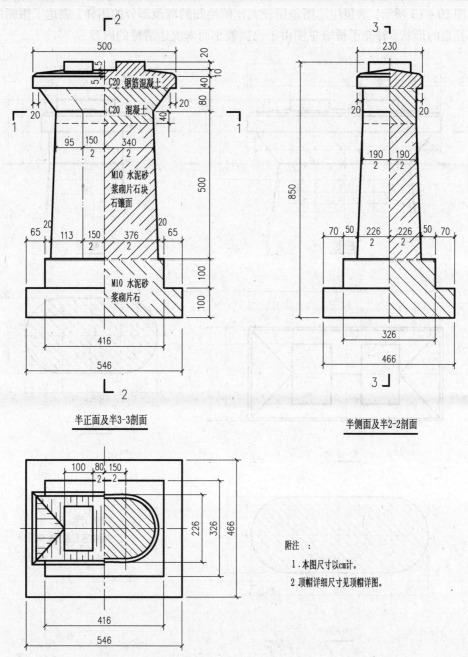

半正面及半3-3剖面　　　　　　　半侧面及半2-2剖面

半平面及半1-1剖面

附注：

1. 本图尺寸以 cm 计。

2. 顶帽详细尺寸见顶帽详图。

图 10 - 12　桥墩总图

桥墩总图包括正面图、平面图和侧面图，这三面图均采用了半剖面的表达方法。图中有关对称的尺寸都以 $n/2$ 的形式标注，图中的尺寸单位采用的是厘米(cm)，因此必须在附注中予以说明。

2. 墩顶构造图

如图 10 - 13 所示，墩顶构造图是用较大比例绘制的墩顶部分的图样，表达了墩帽的构造尺寸和托盘的形状，补充了桥墩总图由于比例较小而未表达清楚的内容。

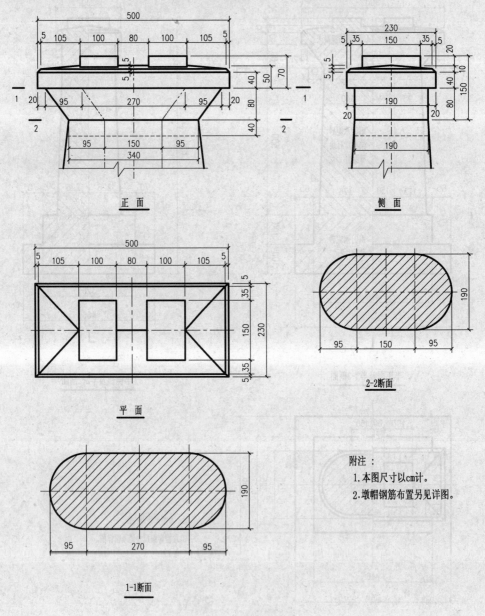

图 10 - 13　墩顶构造图

正面图和侧面图都是墩顶的外形图，其墩身采用了折断的画法。为了使图形清晰起见，平面图只画了可见部分的投影。1 - 1 和 2 - 2 断面图表明了托盘顶部和底部的形状和大小。

10.2.2　桥台图

桥台是桥梁两端的支柱。根据桥台台身水平截面形状的不同，桥台也可分为多种类型，图 10-14 为 T 形桥台的示意图。

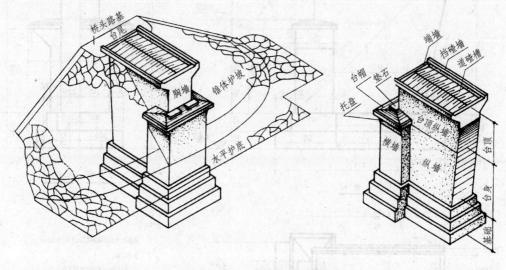

图 10-14　T 形桥台示意图

桥台图包括桥台总图、台顶构造图、台帽及道碴槽钢筋布置图等。下面以 T 形桥台为例进行介绍。

1. 桥台总图

桥台总图主要用来表达桥台的总体形状、大小、各组成部分的相对位置及所使用的材料，桥台与路基、桥台与锥体护坡、桥台与线路上部构造等相关构筑物的关系，如图 10-15 所示。

习惯上，把与线路垂直方向观察到的一侧称为桥台的侧面；顺着线路方向观察到的胸墙一侧称为桥台的正面，而与胸墙相对的台尾一侧称为桥台的背面。

桥台总图的内容及布置如图 10-15 所示，在正面投影图的位置，绘制桥台的侧面，也称桥台的侧面图；由于桥台关于线路中心纵剖面对称，故侧面投影图的位置常绘制桥台的半个正面图和半个背面图的组合视图；在水平投影图的位置通常绘制由半个平面图和半个基顶剖面图组成的视图。

2. 台顶构造图

台顶构造图的视图配置与总图基本相同，如图 10-16 所示。绘制台顶构造图的比例比桥台总图的比例大，因此较详尽表达了台顶的形状、尺寸及各部分所使用的材料，但是由于台顶的构筑较复杂，仍需对局部绘制放大图，图中的"A"、"B"详图，对道碴槽的内部构造、台帽的细部尺寸以及各部分的建筑材料等进行了充分的表达。

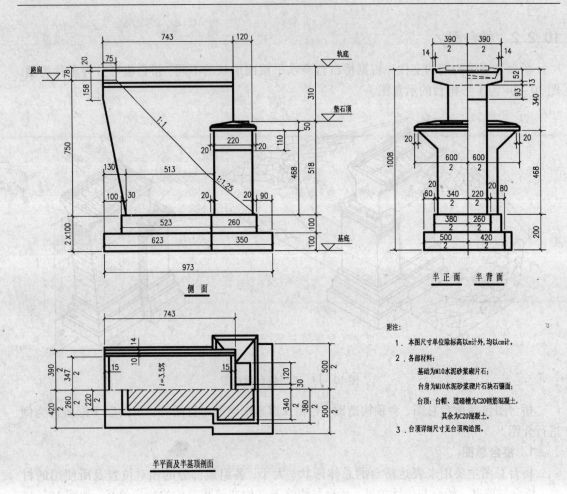

侧　面

半平面及半基顶剖面

附注：
1. 本图尺寸单位除标高以m计外，均以cm计。
2. 各部材料：
　　基础为M10水泥砂浆砌片石；
　　台身为M10水泥砂浆砌片石块石镶面；
　　台顶：台帽、道碴槽为C20钢筋混凝土，
　　其余为C20混凝土。
3. 台顶详细尺寸见台顶构造图。

半正面　半背面

图 10-15　桥台总图

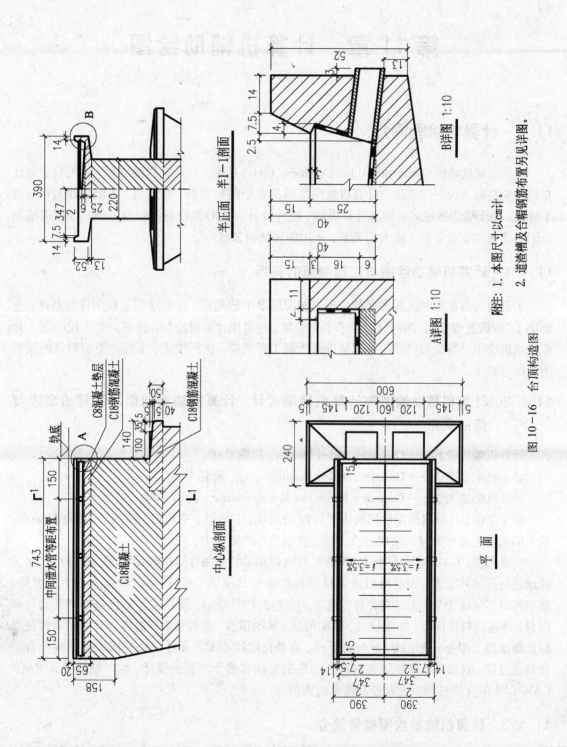

图10—16 台顶构造图

附注：1. 本图尺寸以cm计。
2. 道渣槽及台帽钢筋布置另见详图。

第 11 章　计算机辅助绘图

11.1　计算机绘图简介

计算机辅助绘图(Computer Aided Graphics, CAG)是建立在计算机图形学、应用数学及计算机科学基础上的一门学科。计算机辅助绘图具有绘图效率高、精度高、图面美观清晰、便于修改、便于管理等优点。随着计算机软、硬件及计算机外部设备的快速发展,计算机辅助绘图的速度和质量也有了极大的飞跃,运用的领域越来越广泛。

11.1.1　计算机辅助绘图与工程制图的关系

工程制图讲解绘制工程图样的原理与制图标准中的规定,这是绘制工程图样的基础,它解决了"应该怎样绘制"的问题。至于手工绘制,还是用计算机绘制,这是一个手段问题。计算机辅助绘图是解决如何使用绘图软件来绘制工程图样,达到快速、准确地绘制规范的工程图样的目的。

11.1.2　计算机辅助绘图与计算机辅助设计、计算机辅助制造及计算机集成制造的关系

计算机辅助设计——Computer Aided Design, 简称 CAD。

计算机辅助制造——Computer Aided Manufacturing, 简称 CAM。

计算机集成制造——Computer Integrated Manufacturing , 简称 CIM。

狭义来讲,计算机辅助绘图解决了传统的尺规(丁字尺、三角板、圆规等)制图的缺点,使人们能够把更多的时间和精力投入到更有创造性的劳动中。

广义来讲,CAG 与 CAD 和 CAM 的发展密切相关。利用计算机辅助绘图,不仅可以交互式地进行设计和绘图,而且可以通过计算机程序自动读取 CAD 产生的数据自动生成图纸。甚至可以不生成图纸,而是在计算机里建立完整的产品模型,所谓完整不仅包括产品的几何信息,还包括材质信息、加工信息、装配信息、检测信息、经营管理信息等。计算机通过这些信息驱动加工中心、传送线、装配机器人、自动化运输小车等硬件设备完成产品的整个自动化制造过程,这就是计算机集成制造。CAG 的发展在整个产品的设计、生产制造及其 CAD/CAM/CIM 的发展过程中占有极其重要的地位。

11.1.3　计算机辅助绘图软件简介

随着计算机硬件和软件技术的飞速发展,计算机辅助绘图软件的功能也越来越强大,使得人们进行图形、图像处理越来越方便,它不仅是 CAD 和 CAM 的重要组成部分,也成

为科研、教学、管理、影视创作等各行业各业的重要工具，得到了越来越广泛的应用。

计算机辅助绘图软件包括二维、三维，图形、图像等各类软件。目前常用的商品化软件有 AutoCAD、CAXA、3DMAX、Pro/E、CATIA、PHOTOSHOP 等。其中 AutoCAD 是由美国 Autodesk 公司开发的通用的计算机绘图软件包，自 1982 年问世以来，已经进行了十多次的版本升级，其功能强大、使用方便，得到了广泛的应用。

本教材以 AutoCAD 2008 为基础，介绍计算机辅助绘图软件基本功能和基本操作方法，以达到入门的目的。

11.2　AutoCAD 2008 的界面与基本操作

11.2.1　界面简介

界面是用户与程序进行交互对话的窗口，对计算机绘图软件的操作主要是通过用户界面进行的。启动 AutoCAD 2008 后，就可以进入用户界面，图 11－1 为 AutoCAD 2008 的二维草图与注释界面，图中标示了各主要组成部分的名称。

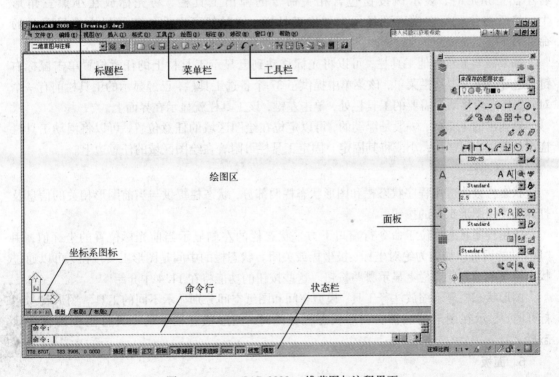

图 11－1　AutoCAD 2008 二维草图与注释界面

图 11－1 所示的界面中主要包括了绘图区、标题栏、菜单栏、工具栏、命令行、状态栏、面板等。在界面中还可以调用快捷菜单，快捷菜单中显示与当前动作有关命令。在屏幕的不同区域内（如工具栏、命令行、状态栏、绘图区）单击鼠标右键时，可以显示不同的快捷菜单。

1. 标题栏

在窗口的最上方为窗口的标题栏。标题栏显示当前应用程序的名称"AutoCAD 2008"和当前绘制图形的文件名。

2. 菜单栏

菜单栏位于标题行下方，AutoCAD 2008 共有 11 项菜单。用鼠标左键单击菜单名，即可显示选项列表也称下拉菜单，单击一个选项即可启动该命令。在菜单选项中，当字体为灰色时，表示在当前环境下不能使用此功能；当菜单选项后有"…"时，表示执行此命令将弹出一个对话框；当菜单选项右边有一个黑色小三角符号时，表示该选项含有下一级子菜单。

3. 工具栏

默认情况下，工具栏显示在绘图区域顶部，此工具栏与 Microsoft Office 程序中的工具栏类似，它包含常用的标准命令，例如"新建"、"打开"和"保存"等。

将光标移动并停留在工具栏的图标按钮上时，在光标的附近将显示该图标按钮的名称，在按钮上单击左键，可以启动该图标按钮对应的命令。当图标按钮的右下角带有小黑三角形时，表示该按钮包含相关命令的弹出工具栏，将光标放在小黑三角形上，然后按住鼠标左键直到显示出弹出工具栏，这时就可以在该工具栏中选择需要的命令按钮。

如果需要显示其他工具栏，可以将光标移动到已显示工具栏上的任意位置单击鼠标右键，这时会弹出工具栏菜单，该菜单中提供了 37 个备选工具栏，已经显示的工具栏前有一个对勾，将光标移动到需要的工具栏处，单击左键，该工具栏就显示在界面上。

新弹出的工具栏，一般是浮动的，可以定位在绘图区域的任意位置，可以将浮动工具栏拖至新位置、调整其大小或将其固定。固定工具栏可附着在绘图区域的任意边上。

4. 状态栏

状态栏分为应用程序状态栏和图形状态栏两部分，状态栏提供与当前图形相关的信息及打开和关闭图形工具的按钮。

应用程序状态栏位于命令行窗口下方。状态栏的左侧显示当前光标位置的坐标值，用"F6"功能键可以切换为绝对坐标、极坐标或关闭。状态栏的中间是图形工具按钮，可以通过状态栏菜单选择状态栏上显示哪些按钮。这些按钮的功能将在 11.4 中介绍。

图形状态栏显示缩放注释工具，模型空间和图纸空间分别显示不同的工具。图形状态栏打开时，显示在图形的底部。图形状态栏关闭时，图形状态栏上的工具移至应用程序状态栏。

5. 面板

面板是 AutoCAD 2008 提供的一种特殊选项板，默认情况下，当使用二维草图与注释工作空间或三维建模工作空间时，面板将自动打开。面板上选项板的内容与当前工作空间的任务相关。

面板是由一系列的控制面板组成，每个控制面板均包含相关的工具和控件，相当于面板上集中了与当前工作空间相关的多个工具栏，从而使得应用程序窗口更加整洁。因此，可以将可操作的绘图区域最大化，使用单个界面来加快速度和简化工作。

如图 11-2 所示，显示在面板左侧的大图标称为控制面板图标，如果单击该图标，可以打开包含其他工具和控件的滑出面板。当单击其他控制面板图标时，已打开的滑出面板将自动关闭。每次仅显示一个滑出面板。

在控制面板上单击鼠标右键将显示可用工具选项板组的列表。

通过拖动面板左侧的分界条可以调整面板的大小。如果没有足够的空间在一行中显示所有工具，将显示一个黑色下箭头，该箭头称为上溢控件。将光标置于上溢控件处，按下左键，会以下拉方式显示其他工具。

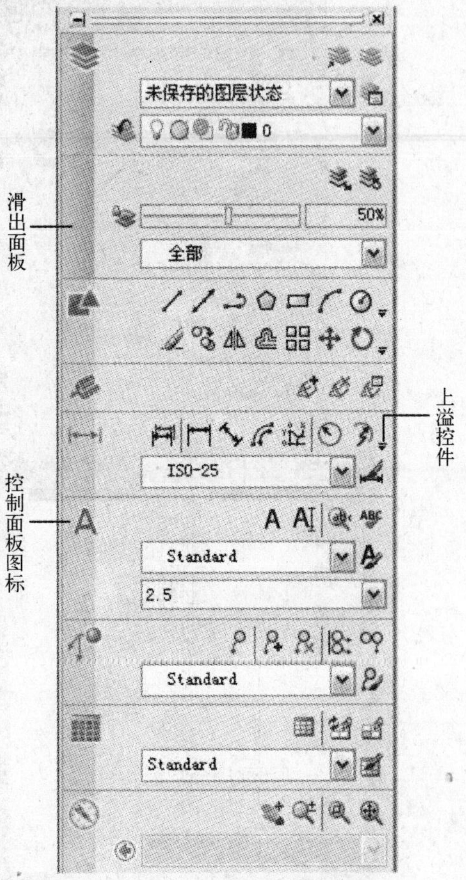

6. 绘图区

屏幕最大的空白区域是绘图区，是用来绘制图形和显示图形的地方。当光标位于绘图区内时，光标的形状为十字准线，用于定位点或选择图形对象。此时，状态栏中会随时显示十字准线所在位置的坐标值。

AutoCAD 中有两种不同的工作环境，分别用"模型"和"布局"选项卡表示。这些选项卡位于绘图区底部。

"模型"选项卡提供了一个无限的绘图区域，称为模型空间。在模型空间中，可以绘制、查看和编辑模型。图形的创建通常在模型空间中完成，如果要创建具有一个视图的二维图形，则可以在模型空间中完整创建图形及其注释，而不使用布局选项卡。

布局选项卡提供了一个称为图纸空间的区域。在图纸空间中，可以放置标题栏、创建用于显示视图的布局视口、标注图形及添加注释。

7. 命令行窗口

命令行窗口位于绘图区下方，用于显示用户输入的命令，命令运行后，此区域会显示当前操作的命令和命令的提示，用户应根据命令提示进行操作。当命令行窗口最下一行的提示符显示为"命令："时，表示此时系统处于等待接受命令的状态。

如果需要查看不止一行的命令历史，可以使用命令窗口右侧的滚动条，滚动查阅历史记录，或者拖动命令窗口的上部边界调整窗口大小。若需要更大的命令窗口，可以按 F2 键来使用文本窗口。文本窗口中记录了命令的执行过程，与命令行窗口显示相同的信息。

图 11-2　二维草图与注释中的面板

11.2.2　绘图界面的设置

根据工作方式的需要可以调整应用程序界面和绘图区域。许多设置可以在图 11-3 所示的"选项"对话框中进行，这个对话框可以通过快捷菜单或"工具"菜单的"选项"调出。从图 11-3 中可以看出该对话框包括 10 个选项卡。

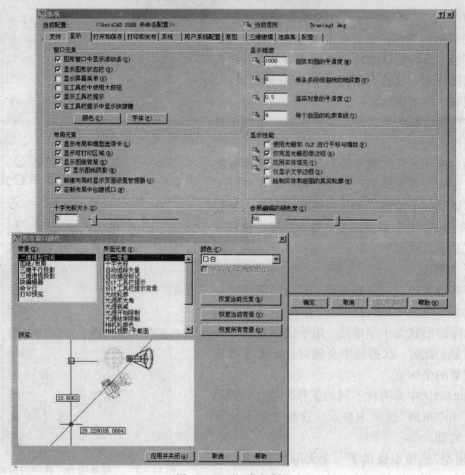

图 11-3 选项对话框

图 11-3 所示为"显示"选项卡，可以控制绘图环境各种元素的显示设置。单击窗口元素区上的"颜色"按钮，会弹出图 11-3 中左下角显示的"图形窗口颜色"对话框，默认情况下，二维模型空间的统一背景为黑色，图中已将其修改为白色。

11.2.3 命令的输入

使用 AutoCAD 进行绘图，是通过执行一系列 AutoCAD 命令来实现的。AutoCAD 2008 提供了三种命令输入方式：键盘输入、菜单输入和图标按钮输入。AutoCAD 的大多数命令都可以通过这三种方式输入。

1. 键盘输入

从键盘输入命令名，在命令行"命令："提示符后键入命令的英文名，如绘制直线的"LINE"，然后按 ENTER 键或空格键命令就被执行。

2. 菜单输入

使用菜单输入命令，首先打开相应的菜单，在菜单中选择要执行的命令，将鼠标放在该命令所在的位置，此时该命令名将增亮，单击鼠标左键，该命令就被执行。

3. 图标按钮输入

将光标移至工具栏或面板中的工具选项板上要执行命令的图标按钮，单击鼠标左键，该命令即被输入并执行。

以上三种输入方式是等效的，无论以何种方式启动命令，命令都以同样的方式运行。在命令被执行后会有两种不同的运行方式，一种是在命令行中显示提示信息，根据提示输入该命令所需的参数后，执行该命令功能；另一种是在屏幕上显示一个对话框，要求用户给出进一步的选择和设置。

4. 命令的重复执行

1）重复执行刚结束的上一条命令

在命令行处于"命令："提示符状态时，有三种方法可重复执行刚结束的上一条命令：按ENTER 键、按空格键或当光标位于绘图区时单击鼠标右键，这时，刚完成的命令又会重新显示在命令提示区，等待执行。

2）执行最近使用的命令之一

当光标位于在命令提示区或文本窗口中单击鼠标右键，从弹出的快捷菜单中选择"近期使用的命令"，在弹出的列表中选择所需命令。

当光标位于绘图区时，长按鼠标右键，从弹出的快捷菜单中选择"近期输入"，在弹出的列表中选择所需命令。

5. 命令的中断、撤消与重做所进行的操作

① 按键盘上的 Esc 键，可中断正在执行的命令。

② 使用"标准"工具栏上的"放弃" ⬅ 或输入"UNDO"，可以取消上一次操作，恢复到该次操作之前的状态，可回退多步。

③ 使用"标准"工具栏上的"重做" ➡ 或输入"REDO"命令，其作用是"UNDO"操作的反操作，即恢复被"放弃"命令取消的操作，该操作只能在执行过 UNDO 命令后马上使用。

11.2.4　数据的输入

执行 AutoCAD 命令时，通常需要提供必要的数据。例如，输入直线命令后，需要给出线段的起点和终点。只有正确地输入要求的数据，命令才能正确执行。AutoCAD 命令提示要求输入的数据通常有点的坐标、距离、角度等。

1. 坐标值的输入

AutoCAD 的默认坐标系称为世界坐标系（WCS），在图 11 - 1 中绘图区的左下角为 WCS 的图标，其上有 X 轴和 Y 轴的方向显示并注有字母 W。如果在 3D 空间工作，还会有一个 Z 轴。如果需要用户还可以定义自己的用户坐标系，即 UCS。

1）鼠标直接指定

当鼠标控制光标进入绘图区后，光标所在位置的坐标值时刻显示在状态栏中。当系统提示输入点时，移动光标到所要输入点的位置，单击鼠标左键，该点的坐标值即被输入。

如果绘图区已有图形，打开捕捉功能后，鼠标可以控制光标捕捉现存图形中的特定几何意义的点，如端点、中点、圆心等，做为输入点的位置。

2）键盘输入

当用键盘输入坐标值时，只需在命令行提示指定一个点后直接键入坐标值，每个坐标之间用逗号分开，然后按 ENTER 键即可，这时输入的坐标是绝对坐标，其坐标原点为 WCS 的原点。

还有两种用相对坐标输入的方法，用"@"表示相对坐标，每次输入均以连续的上一个点为坐标原点，即假设上一点坐标为(0，0)，第一种为直角坐标输入法：如"@80，80"，表示则该点相对上一点的直角坐标值为(80，80)；第二种为极坐标输入法：如"@80＜30"，表示该点相对上一点的极坐标值为(80＜30)。如果要输入的是第一个点，则原点为绝对坐标原点。

　　　3）鼠标＋键盘

当已知输入点和图中已有点之间的相对位置，可由鼠标先在绘图区中指示出相对于图中已有点的方向，再在键盘上输入两点之间的直线距离。这种方法常用于绘制正交的图线，在"正交"模式下使用非常便捷。

　　　2. 距离的输入

AutoCAD 有许多命令的输入提示要求输入距离的数值。这些提示符有：高度，宽度，半径，直径等。当系统提示要求输入一个距离时，可以直接从键盘输入距离数值；也可以用鼠标指定两个点的位置，系统将自动计算距离，并以该距离作为要输入的距离接受。

11.2.5　文件操作命令

在 AutoCAD 系统中，用户所绘制的图形是以图形文件的形式保存的。AutoCAD 图形文件的扩展名为"．dwg"。

　　　1. 创建一个新的图形文件

进入 AutoCAD 系统时，系统会自动创建一个文件名为"Drawing1．dwg"的新建图形文件，其使用了默认图形样板文件中的设置。

可以用"新建"命令，创建一个新的图形文件。在"文件"菜单中选择"新建"命令，屏幕上弹出"选择样板"对话框，可以根据自己的绘制需要，从列出的"模板文件"中，选择一个绘制新图的模板。用户可以将绘图时要使用的标准设置预先用图形文件加以存储，然后多次使用。这样的图形文件称为"模板文件"。

　　　2. 为新建图形文件设置绘图环境

在模板文件中，一般包括了图形的初始环境设置，例如绘图单位、图层、栅格间距、线型比例等。在 AutoCAD 2008 安装完成后，在 Template 文件夹中，有建立好的模板文件，但很多不符合我国的制图标准，或者不符合用户的工作需要，用户可以根据自己的需要设置绘图环境并定制成模板文件。

　　　1）设置图幅(LIMITS)

输入 LIMITS 命令或在"格式"菜单中选择"图形界线"进行图幅的设置和修改。执行该命令后，命令行的格式如下：

LIMITS

重新设置模型空间界限：

　　指定左下角点或 [开(ON)/关(OFF)] ＜0．0000，0．0000＞：

　　指定右上角点 ＜420．0000，297．0000＞：

上例说明原有图幅设置为 A3 幅面的 420×297，如果不需要改动，可以直接按 ENTER 键，即确认尖括号 ＜＞ 中的默认内容。

该命令的选项有：

ON　打开图限检查，不允许在图幅范围以外绘图；

OFF　关闭图限检查，可以在图幅范围以外绘图，该设置为默认设置。

2）设置测量单位和精度

开始绘图前，需先确定一个图形单位代表的实际大小。确定图形中要使用的测量单位，创建的所有对象都是根据图形单位进行测量的。例如，一个图形单位的距离通常表示实际单位的一毫米、一厘米、一英寸或一英尺。

输入 UNITS 命令或在"格式"菜单中选择"单位"，弹出如图 11－4 所示"图形单位"对话框，图中所示为默认设置。如图 11－4 中"插入比例"的单位列表所示，对话框中对长度类型及精度、角度类型及精度都提供了多个选项。

默认的角度正方向是逆时针方向。如果需要可以选择顺时针方向为角度值的正方向。

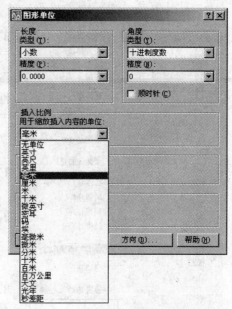

图 11－4　"图形单位"对话框

3. 打开一个已有的图形文件

用"打开"命令打开一个已有的图形文件。在文件菜单中选择"打开"命令，屏幕上显示一个："选择文件"对话框，用户可在"搜索"列表框中选择文件夹，然后在文件列表框中查找要打开的图形文件。选定要打开的文件后，单击"打开"按钮即可打开一个已有的图形文件。

AutoCAD 允许同时打开多个图形文件。

4. 保存图形文件

对于绘制或编辑好的图形，必须将其存储在磁盘上，以便日后使用。另外在绘图过程中为了防止在操作中发生断电等意外事故，可以设置自动保存和备份文件。保存文件有以下两种方式。

1）文件的原名存盘——"保存"命令

AutoCAD 把当前编辑的已命名图形文件以原文件名直接存入磁盘。若文件未命名，则弹出"图形另存为"对话框，从对话框中"保存于"下拉列表中确定存盘路径，并在"文件名"框中输入图形文件名，然后单击"保存"按钮。

2）文件的改名存盘——"另存为"命令

在"文件"菜单中选择"另存为"命令，弹出"图形另存为"对话框，从对话框中"保存于"下拉列表中确定存盘路径，并在"文件名"框中输入更改的图形文件名，然后单击"保存"按钮。

11.2.6　退出 AutoCAD 系统

当要退出 AutoCAD 系统时，在"文件"菜单中选择"退出"命令，或在命令行输入"quit"，也可直接单击关闭窗口按钮。

11.3　绘图和对象特性

AutoCAD 不仅能够绘制二维图形、建立三维模型，而且提供了非常丰富的编辑功能，使绘图工作十分方便和快捷。同时提供了 AutoLisp 语言作为用户进行二次开发的工具及图形交换文件（. DXF）和命令组文件（. SCR），以实现与其他图形软件的信息传递。

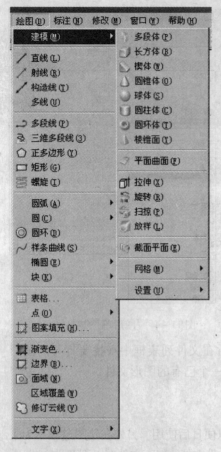

图 11-5 "绘图"菜单

一个复杂的图形往往是由直线、圆、圆弧等基本的图形元素构成的，在 AutoCAD 中将这些基本的图形元素称为"Object"，译为"对象"。每一个对象除了其图形特征外，还包含有图层、线型、线宽、颜色等特性，因此在 AutoCAD 中绘图，既要熟练掌握各种图形元素的绘制方法，也要理解对象与各种特性的关系并掌握其设置方法。

11.3.1　基本二维绘图命令

AutoCAD 系统中将创建一个新对象的命令均归入"绘图"菜单中，如图 11-5 所示，其中包括：三维建模，二维绘图，表格及文字的创建等。

表 11-1 中所列为 AutoCAD 2008 中绘图工具栏中的图标按钮、命令名及其功能。与绘图菜单比较可以看出，绘图工具栏中不包含三维建模命令，该组命令在建模工具栏中。绘图工具栏中的二维绘图命令为部分常用命令，其他命令需从绘图菜单中调用，或直接用键盘输入命令名，菜单中命令旁括号中的字母为该命令的缩写，键入该字母后，按 ENTER 键，即可执行该命令。

下面通过几个常用的二维绘图命令，说明 AutoCAD 绘图命令的使用方法及要点。

表 11-1　绘图工具栏的图标及功能

图　标	命　　令	功　　能
╱	直线（LINE）	通过给定的两点绘制直线段
╱	构造线（XLINE）	绘制无限长的直线
⅃	多义线（PLINE）	绘制可变宽度的多段直线或圆弧相连而成图形
⬠	多边形（POLYGON）	创建闭合的等边多段线
▢	矩形（RECTANG）	以输入的两点为对角线绘制矩形
◜	圆弧（ARC）	绘制一段圆弧
⊘	圆（CIRCLE）	绘制圆
☁	修订云线（REVCLOUD）	由连续圆弧组成的多段线。
∿	样条曲线（SPLINE）	在指定的公差范围内把一系列的点拟合成光滑曲线
⬭	椭圆（ELLIPSE）	绘制椭圆
⬭	椭圆弧（ELLIPSE）	绘制椭圆弧
🔲	插入块（INSERT）	在当前图形中插入已定义的块
🔲	创建块（BLOCK）	当前图形中创建块
·	点（POINT）	绘制点
▨	图案填充（BHATCH）	用填充图案或渐变充来填充封闭区域或选定对象
▦	渐变色（BHATCH）	用渐变填充来填充封闭区域或选定对象

续表

图　标	命　　令	功　　能
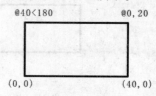	面域（REGION）	将包含封闭区域的对象转换为面域对象
	表格（TABLE）	创建表格
	多行文本（MTEXT）	通过对话框输入文本，定义字体、修改字高等

1. 绘制直线

使用直线命令，可以创建一系列连续的线段，其中每条线段都是一个单独的直线对象，用户需要指定每条直线端点的位置。

【操作实例】　绘制以 WCS 的原点为起点的 40×20 的矩形，结果如图 11-6 所示。

命令：_line

指定第一点：<u>0,0</u>

指定下一点或［放弃（U）］：<u>40,0</u>

指定下一点或［放弃（U）］：<u>@0,20</u>

指定下一点或［闭合（C）/放弃（U）］：<u>@40＜180</u>

指定下一点或［闭合（C）/放弃（U）］：<u>c</u>

图 11-6　绘制直线段

【说明】

上述操作过程带有下划线的文字为用户输入的文字，其他内容为 AutoCAD 系统自动生成的。在命令行中任何一个输入项输入完毕后，都要按 ENTER 键确认，AutoCAD 系统才会根据输入内容显示下一步操作的提示。

从上述操作过程可以看出，系统会给出每一步的操作提示，用户只需根据提示输入相应的内容，即可完成绘图的过程。每一个命令只能按其提示的顺序完成图形的绘制，如果输入的内容与提示不符，系统将提示重新输入系统要求的内容。在初学时，要特别注意系统的操作提示，以便顺利完成图形的绘制。

提示行中常见的三种情况。

（1）默认输入项：提示行中的未加括号项。如直线命令中的"指定第一点"、"指定下一点"。

（2）可选输入项：提示行中方括号［］内的选项。如直线命令中的［闭合（C）/放弃（U）］，这时如果输入字母"C"，表示以第一条线段的起始点作为最后一条线段的终点，形成一组闭合的连续线段；如果输入字母"U"，则删除直线序列中最后绘制的线段。多次输入"U"，则按绘制次序的逆序逐个删除线段。

（3）默认输入内容：在提示行末端尖括号＜　＞内的内容。如果其中的内容正是希望输入的内容，就可以直接按 ENTER 键确认，如果不是，则输入需要的内容。

2. 绘制圆

【操作实例】　绘制圆心在（10，10），半径为 10 mm 的圆。

命令：_circle

指定圆的圆心或［三点（3P）/两点（2P）/相切、相切、半径（T）］：<u>10,10</u>

指定圆的半径或［直径（D）］：<u>10</u>

【说明】

命令提供了如下 5 种绘制圆的方法。

（1）圆心，半径：指定圆心和圆的半径绘制圆，这是默认绘制方式。

（2）圆心，直径：指定圆心和圆的直径绘制圆。

（3）三点（3Points）：通过指定圆周上的三点绘制圆。

（4）两点（2Points）：通过指定圆周上直径的两个端点绘制圆。

（5）相切、相切、半径（T）：选择两个与圆相切的对象（直线、圆弧或者圆），然后指定圆的半径绘制圆。

3. 绘制圆弧

【操作实例】 在已有40×20矩形的条件下，绘制图11-7（b）所示圆弧，圆心为矩形右下顶点，半径20，圆心角为90°。结果如图11-7（b）所示。

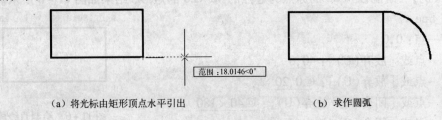

范围：18.0146<0°

（a）将光标由矩形顶点水平引出　　　　（b）求作圆弧

图11-7　绘制圆弧

命令：_arc

指定圆弧的起点或［圆心（C）］：c

指定圆弧的圆心：<对象捕捉 开>（捕捉并输入矩形右下顶点）

指定圆弧的起点：20（如图11-7（a）所示，将光标引向水平方向，当出现表示角度为零的提示"＊＊＊ <0° "后，输入20。）

指定圆弧的端点或［角度（A）/弦长（L）］：a

指定包含角：90

【说明】

默认的角度值以逆时针方向为正。

4. 绘制正多边形

【操作实例】 绘制正五边形

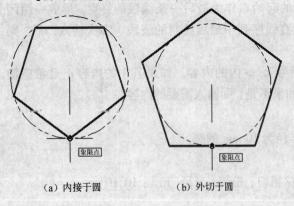

象限点　　　　　象限点

（a）内接于圆　　　　（b）外切于圆

图11-8　绘制正多边形

命令：_polygon

输入边的数目 <4>：5

指定正多边形的中心点或［边（E）］：

输入选项［内接于圆（I）/外切于圆（C）］<I>：

指定圆的半径：

【说明】

在"输入边的数目"的提示后有<4>，表示默认边数为4，若准备绘制正方形，就可以直接按 ENTER 键，本题要求绘制正五边形，则输入"5"后按 ENTER 键。

POLYGON 提供了如下3种绘制正多边形的方法。

（1）［边（E）］：指定正多边形的边长。

（2）内接于圆（I）：指定圆心和外接圆的半径，如图 11-8（a）所示。

（3）外切于圆（C）：指定圆心和内切圆的半径，如图 11-8（b）所示。

5. 绘制多义线 ⤵

图 11-9 所示为运用"多义线"命令绘制的几种图线。可以看出该命令可以绘制带有宽度变化的图线，还可以绘制直线与圆弧相切连接的图线。使用"多义线"命令一次绘制的图形是作为一个单一对象而存在的，当它由分解命令打散后可单独进行编辑。

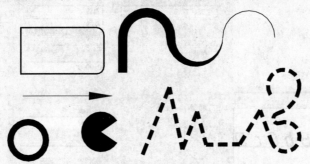

图 11-9　用 PLINE 命令绘制的图形

【操作实例】　图 11-9 中箭头的绘制过程。

命令：_pline

指定起点：（输入第一个点）

当前线宽为 0.0000

指定下一个点或［圆弧（A）/半宽（H）/长度（L）/放弃（U）/宽度（W）］：（鼠标输入第二点）

指定下一点或［圆弧（A）/闭合（C）/半宽（H）/长度（L）/放弃（U）/宽度（W）］：w

指定起点宽度 <0.0000>：3

指定端点宽度 <3.0000>：0

指定下一点或［圆弧（A）/闭合（C）/半宽（H）/长度（L）/放弃（U）/宽度（W）］：（鼠标输入第三点）

指定下一点或［圆弧（A）/闭合（C）/半宽（H）/长度（L）/放弃（U）/宽度（W）］：

【说明】

PLINE 命令中部分选项的含义如下。

（1）圆弧（A）：将 PLINE 命令设置为绘制圆弧的模式，并切换到圆弧模式，同时显示的提示有，指定圆弧的端点或［角度（A）/圆心（CE）/闭合（CL）/方向（D）/半宽（H）/直线（L）/半径（R）/第二个点（S）/放弃（U）/宽度（W）］。

（2）半宽（H）：指定下一段多义线的一半宽度。

（3）长度（L）：按与前一线段相同的方向绘制指定长度的线段。若前一线段为圆弧，则绘制一条与该圆弧相切并具有指定长度的直线段。

（4）宽度（W）：指定下一段多义线的宽度。

11.3.2　文本的设置及输入

AutoCAD 中文字作为一种对象，包括数字和文字。图样中可以定义多个文本类型，输入各种文字、字符和特殊字符。

1. 设定文字类型

可以通过键盘输入"Style"命令或在"格式"菜单中选择"文字样式"，也可以直接单击文字控制面板上的"文字样式" 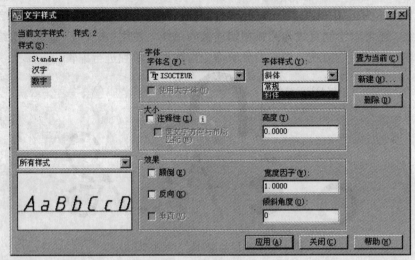按钮，打开图11-10所示对话框。该对话框中的主要选项如下。

图11-10 "文字样式"对话框

（1）样式：显示图形中的样式列表。列表包括已定义的样式名并默认显示选择的当前样式。要更改当前样式，可从列表中选择另一种样式或选择"新建"以创建新样式。

（2）字体：包含字体名和字体样式两项设置。

字体名：从列表中选择字体名称。

字体样式：从列表中选择字体样式。字体样式包括：常规、斜体、粗体、粗斜体。不同的字体可以选择的字体样式不同。汉字的字体一般只有常规样式，

（3）大小：定义字体高度。

（4）效果：包含5个选项。

颠倒：上下颠倒显示字符。

反向：反向显示字符。

垂直：显示垂直对齐的字符。只有在选定字体支持双向时"垂直"才可用。

宽度因子：字符宽度与高度的比值。工程图中的长仿宋字的宽度因子为0.7。

倾斜角度：设置文字的倾斜角。输入一个 -85 和85 之间的值将使文字倾斜。

左下角的窗口内为文字样式的设置效果，可以实时预览。

2. 多行文字命令（MTEXT） A

多行文字是由任意数目的文字行或段落组成的。无论行数是多少，单个命令中创建的所有文字将构成一个对象。

创建多行文字时，可以使用如图11-11的在位文字编辑器或在命令行上根据提示依次输入各项设置及文字内容。

输入文字之前，应指定文字边框的对角点。文字边框用于定义多行文字对象中段落的宽度，文字布满在指定的宽度内，垂直方向可无限延伸。可以用夹点移动或旋转多行文字对象。

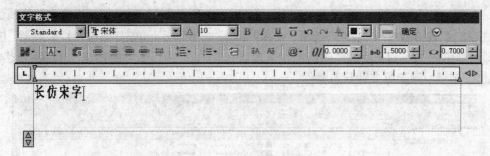

图 11－11　在位文字编辑器

在位文字编辑器显示一个顶部带标尺的边框和"文字格式"工具栏。该编辑器是透明的，因此用户在创建文字时可看到文字是否与其他对象重叠。

3. 单行文字(DTEXT) A̲l̲

使用单行文字创建一行或多行文字，通过按 ENTER 键来结束每一行。每行文字都是独立的对象，可以重新定位、调整格式或进行其他修改。单行文字对于标签非常方便。适用于不需要多种字体或多行的简短项。

创建单行文字时，要指定文字样式并设置对齐方式。

【操作实例】

命令：_dtext

当前文字样式："Standard" 文字高度：10.0000 注释性：否

指定文字的起点或 [对正(J)/样式(S)]：

指定高度 <10.0000>:7

指定文字的旋转角度 <0>：

【说明】

文字的默认高度和旋转角度是上一次文字输入时使用的值，如果不准备改变就直接按 ENTER 键，如果需要改变，输入数值后按 ENTER 键。设置完旋转角度后，绘图区指定位置出现闪动的文字输入光标。

11.3.3　对象特性

绘制的每个对象都具有多种特性，有些特性是专用于某个对象的特性，例如，圆的特性包括半径和面积，直线的特性包括长度和角度。而基本特性是每个对象都具有的，包括：图层、颜色、线型、线宽和打印样式等 8 个。由于图层中可以设置颜色、线型、线宽等特性，一般也建议将对象的这些特性与图层中的设置取得一致，故下面重点讲述图层的设置。

1. 图层

图层是图形中使用的主要组织工具。可以使用图层将信息按功能编组，以及执行线型、颜色、线宽及其他标准。如果将对象特性设置为"随层"，则对象的特性与其所在的图层设置的特性一致。

图层就像一叠具有相同坐标系的透明胶片，可以看到所有胶片上绘制的图形，但每次只能在最上边一张绘制图形，当前层就相当于最上边一张胶片，用户可以随时将某一图层设定为当前层，以便将图形绘制到符合其特性的图层上。

每个图形文件都包括名为"0"的图层，这是 AutoCAD 提供的一个默认层，在没有建立新图层前，图形对象只能绘制在"0"层上。0 层不可删除，也不能改变名称，但可以修改其他项目。

在"格式"菜单中单击"图层"选项，或在"图层"选项面板上单击"图层特性管理器" 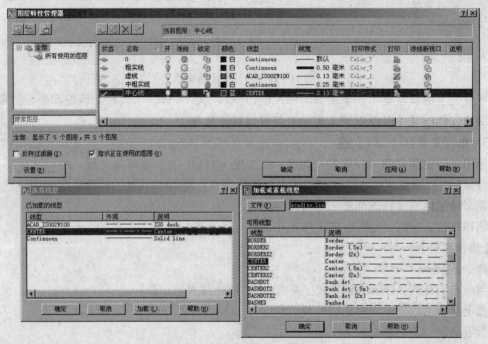按钮，即可弹出图 11-12 所示的"图层特性管理器"，其上可进行图层的新建、开/关、冻结/解冻、锁定/解锁、删除等多种状态操作。

图 11-12　图层特性管理器

在使用"开/关"控制时，如果图层处于关闭状态，如图 11-12 中的"粗实线"层，则该层上的对象不可见。在使用"锁定/解锁"控制时，如果图层处于锁定状态时，如图 11-12 中的"中粗实线"层，该图层上的所有对象均可见，但不能对其上的对象进行修改。不论图层处于什么状态，只要该图层是当前层就可以在该图层上进行绘图。

"图层特性管理器"的另一个重要功能是对每一个图层设置颜色、线型和线宽。设置时只需单击希望修改的选项，就会弹出可供选择的列表。以"中心线"图层的线型设置为例，说明设置过程：将光标置于"中心线"层线型一栏，单击鼠标左键，在弹出的如图 11-12 左下角所示"选择线型"对话框中选择需要的线型，如果没有需要的线型，则单击"加载"按钮，会弹出如图 11-12 右下角所示"加载或重载线型"对话框，在可用线型列表中选择需要的线型后单击"确认"按钮，该线型即加入"选择线型"对话框中的已加载的线型列表中。在线型列表单击需要的线型后单击"确认"按钮。

2. 线型比例因子

在加载线型时，系统除了提供实线线型外，还提供了大量的非连续线型，这些线型是由多个重复的图案构成的，这些图案包括短线、间隔、点等。

默认情况下，线型比例因子均设置为 1.0。比例越小，每个绘图单位中生成的重复图案就越多，即短线及间隔长度就越短。例如，设置为 0.5 时，每一个图形单位在线型定义中显示重复两次同一图案。调整线型比例因子，可以改变非连续线型中图案的尺寸，使其与图形

的尺寸相匹配，

点取"格式"菜单中的"线型"选项，系统将打开图 11–13 所示的"线型管理器"对话框，可以修改"全局比例因子"和"当前对象比例"。"全局比例因子"值可以全局修改新建和现有对象的线型比例。"当前对象缩放比例"值可设置新建对象的线型比例。新建对象显示的线型比例是由"全局比例因子"值与"当前对象缩放比例"值相乘而得。

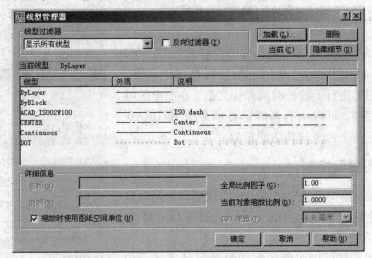

图 11–13　线型管理器

现有对象的线型比例还可以通过"特性"选项板进行修改。

3. 特性显示与修改

使用"特性"选项板可以显示和修改任何对象的所有特性的设置。

在"修改"菜单中单击"特性"选项，或在标准工具栏上单击"特性"按钮 ，即可弹出图 11–14 所示的"特性"选项板。

"特性"选项板可列出某个选定对象或一组对象特性的当前设置。可以修改任何可以通过指定新值进行修改的特性。

图 11–14 所示为选定的某一条直线的特性，如果需要修改某一特性时，单击其特性值，该特性即处于待修改状态，如图 11–14 中的"起点 X 坐标"。

选择多个对象时，"特性"选项板只显示选择集中所有对象的公共特性。

如果未选择对象，"特性"选项板只显示当前图层的基本特性。

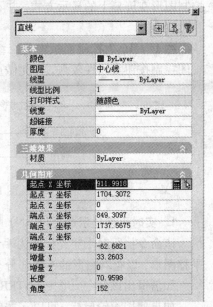

图 11–14　"特性"选项板

4. 特性的复制

使用"特性匹配"，可以将一个对象的某些或所有特性复制给其他对象。

可以复制的特性类型包括：颜色、图层、线型、线型比例、线宽、打印样式等。默认情况下，所有可应用的特性都自动从选定的第一个对象复制到其他对象。

将特性从一个对象复制到其他对象的步骤：

（1）单击"标准"工具栏的"特性匹配"按钮✍️或在"修改"菜单中单击"特性匹配"选项；

（2）选择要复制其特性的对象；

（3）选择对其应用选定特性的对象并按 ENTER 键。

11.4　视图显示控制和绘图工具按钮

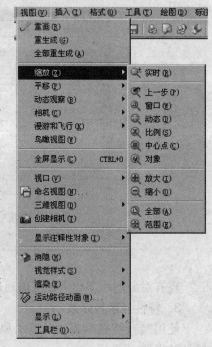

图 11－15 为"视图"菜单，包括视图控制的各类命令，第一个命令重画（REDRAW）是用于刷新屏幕显示命令，当用户对一个图形进行了较长时间操作之后，在图形区可能会留下一些残迹，可以用刷新屏幕显示命令 REDRAW 来去掉它们。下两个命令与其功能相似。

11.4.1　视图显示控制

在绘制二维图形时，最常使用的视图控制命令是缩放和平移。这两个选项又有各自的子菜单，如图 11－15 右侧所示为"缩放"的子菜单。

运用缩放和平移可以改变图形的显示尺寸或显示位置，可以仔细查看图形任何部位的细节。视图控制命令是控制图形在屏幕上的显示方式，并不改变图形的实际尺寸及位置。

图 11－16 为控制面板中的二维导航控制面板，其中视图控制按钮实用性较强，在此做重点介绍。

图 11－15　"视图"菜单

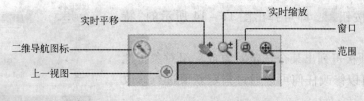

图 11－16　"二维导航"控制面板

1. 实时平移显示命令（PAN）🖐️

该命令执行时十字光标变为手形光标，这时只须按住鼠标左键并移动光标，就可以实现平移图形，以查看图形的不同部分。该命令不改变图形的缩放倍数。

如需退出该命令，可按 ENTER 键、按 ESC 键，或单击鼠标右键在快捷菜单中选择退出。

如果使用滚轮鼠标，可以在按住滚轮按钮的同时移动鼠标。

除了可以使用 PAN 命令来平移图形外，还可以利用窗口滚动条来实现对图形的平移。

2. 实时缩放显示🔍

使用该选项可以动态地缩小或放大当前的视图。执行该命令执行时，十字光标变为带有加、减号的放大镜形状，这时按住鼠标左键上下垂直拖动，向上为放大视图，向下为缩小视图。

如需退出该命令，可按 ENTER 键、按 ESC 键，或单击鼠标右键在快捷菜单中选择"退出"。

　　如果使用滚轮鼠标，可以拨动鼠标滚轮按钮，实现缩放，向上为放大视图，向下为缩小视图。

3. 窗口显示 🔍

　　可以快速放大图形中的某个矩形区域。该命令执行时，用鼠标指定要查看区域的两个对角，视图区将用尽可能大的比例来显示两个对角点所指定的矩形窗口内的图形。

4. 范围显示 🔍

　　使用该选项可将视图中存在的所有图形最大限度地充满绘图区域。

5. 上一视图 🔍

　　使用该选项可以快速返回到上一个视图。该选项与图 11 – 15 所示"视图"菜单中，"缩放"子菜单中的"上一步"，是同一个命令。需要注意的是该命令只能恢复上一次视图的比例和位置，当前的图形内容不会改变。

11.4.2　绘图工具按钮

　　在绘图时，即使将图形在屏幕上缩放至足够大，如果直接通过光标用目测的方法定位，仍然无法做到精确定位。当然直接输入坐标值是一种办法，但计算坐标值往往是一件费时费力的事情。AutoCAD 提供多种快速、准确地找到某些特殊点的方法，如图形工具按钮中对象捕捉、对象跟踪等。图形工具按钮中还包含控制线宽特性显示的"线宽"按钮等。

　　图形工具按钮集中显示在状态栏中，如图 11 – 17 所示。用鼠标左键单击使按钮凹下，该按钮所表示的功能处于打开状态，相反则处于关闭状态，如图 11 – 17 中"正交"按钮处于关闭状态，"极轴"按钮处于打开状态。当图形工具按钮需要设置或修改其选项或参数时，把光标放在该按钮上单击鼠标右键将出现一个菜单，如果包含"设置"选项，说明该按钮可以设置参数或选项，点击"设置"选项，会弹出一个对应的对话框，如图 11 – 18 所示，为"对象捕捉"按钮的选项设置对话框。

捕捉	栅格	正交	极轴	对象捕捉	对象追踪	DUCS	DYN	线宽	模型

图 11 – 17　状态栏图形工具按钮

　　下面介绍状态栏中一些常用图形工具按钮的使用方法。

1. 捕捉

　　"捕捉"模式用于限制十字光标，使其按照用户定义的间距移动。当"捕捉"模式打开时，光标只能停留在指定间距的栅格点上。当其关闭时，它对光标无任何影响。

2. 栅格

　　栅格是屏幕上显示的点或线的矩阵，遍布指定为栅格界限的整个区域。使用栅格类似于在图形下放置一张坐标纸。利用栅格可以对齐对象并直观显示对象之间的距离。

　　按钮的开关状态控制栅格的显示或消隐，点与点的间距可以根据需要设置。栅格只是一种视觉辅助工具，不是图形的一部分，因此不会被打印输出。

　　"栅格"模式和"捕捉"模式各自独立，但经常同时打开，往往也将两种模式的间距值设置成相同的。

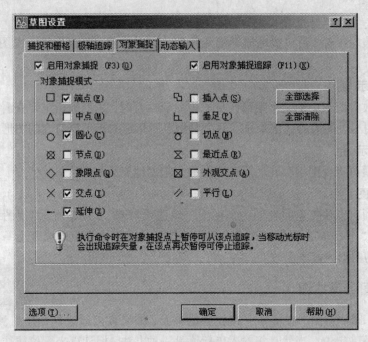

图 11-18　"对象捕捉"设置选卡

3. 正交

创建或移动对象时，使用"正交"模式可将光标限制在水平或垂直轴上，以便于精确地创建和修改对象。移动光标时，拖引线将沿着距光标最近的轴的方向移动。

在绘图和编辑过程中，可以随时打开或关闭"正交"。输入坐标或指定对象捕捉时将忽略"正交"。

4. 极轴

"极轴"按钮是用于控制"极轴追踪"模式的开关。创建或修改对象时，使用"极轴追踪"可以显示由指定的极轴角度所定义的临时对齐路径。光标移动时，如果接近用户定义的极轴角，将显示对齐路径和工具栏提示。当光标从该角度移开时，对齐路径和工具栏提示消失。默认角度测量值为 90°。

注意"正交"模式和"极轴追踪"不能同时打开。打开"极轴追踪"模式时，系统将自动关闭"正交"模式。

5. 对象捕捉

"对象捕捉"按钮是用于指定图形对象上的特殊点。例如：直线的端点、中点，圆的圆心、切点，线与线的交点等。

如果打开"对象捕捉"按钮，光标会自动锁定预设的捕捉选项，标记和工具栏将提示哪些对象捕捉点正在使用。

把光标放在"对象捕捉"按钮上单击鼠标右键，在出现的菜单上，单击"设置"选项，会弹出一个如图 11-18 所示的对话框。设置捕捉对象时，不宜过多。

光标捕捉最靠近符合选择条件的点位。如果启用执行多个对象捕捉，则在一个指定的位置可能有多个对象符合捕捉条件。在指定点之前，按 TAB 键可遍历各种可能选择。

此外，还有一次性启用单一"对象捕捉"的几种方法，在提示输入点时可以：

（1）按住 SHIFT 键并单击鼠标右键以显示如图 11 – 19 所示的"对象捕捉"快捷菜单，在其上选择需要的选项；

（2）单击"对象捕捉"工具栏上的对象捕捉按钮；

（3）在命令提示下输入对象捕捉的名称。

在指定对象捕捉后，对象捕捉只对指定的下一点一次性有效。

6. DYN

DYN 为"动态输入"的开启按钮。"动态输入"在光标附近提供了一个命令界面，以帮助用户专注于绘图区域。

"动态输入"有三个组件：指针输入、标注输入和动态提示。在"动态"上单击鼠标右键，然后单击"设置"可以打开"草图设置"对话框中的"动态输入"选项卡，在该选项卡上可以控制"动态输入"时每个组件所是否启用及其显示的内容。

当启用"指针输入"且有命令在执行时，在光标附近的工具栏提示中将显示十字光标位置的坐标。可以在工具栏提示中输入坐标值，而不用在命令行中输入。

启用"标注输入"时，当命令提示输入第二点时，工具栏提示将显示距离和角度值。在工具栏提示中的值将随着光标移动而改变。按 TAB 键可以转换要更改的参数项。标注输入可用的绘图命令有直线、多段线、圆、圆弧和椭圆。

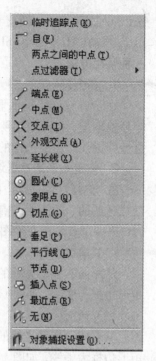

图 11 – 19　"对象捕捉"
快捷菜单

启用"动态提示"时，命令提示会显示在光标附近的工具栏提示中。用户可以在工具栏提示（而不是在命令行）中输入响应。按向下箭头键可以查看和选择选项。按向上箭头键可以显示最近的输入。

7. 线宽

通过单击状态栏上的"线宽"可以打开或关闭线宽的显示。模型空间中和图纸空间布局中的显示方式是不同的。

在模型空间中，0 值的线宽显示为一个像素，其他线宽使用与其真实单位值成比例的像素宽度。而在图纸空间布局中，线宽以实际打印宽度显示。

当线宽以大于一个像素的宽度显示时，重生成时间会加长。关闭线宽显示可优化程序性能。此设置不影响线宽打印。

11.5　修改

对现有对象的修改方法可分为两类，一类是 Windows 应用程序中的常规方法，如使用剪切、复制和粘贴，以及键盘中的各种功能键如 DELETE、CTRL + X 组合键等。另一类是 Auto-CAD 系统中的修改命令。

无论采用什么方法进行哪方面的修改，首先需要确定修改对象，即选择对象。

11.5.1　对象选择方法

在输入某一修改命令后，一般命令行会出现"选择对象"的提示，这时键入"?"，按 ENTER 键，命令行会提示：需要点或窗口（W）/上一个（L）/窗交（C）/框（BOX）/全部（ALL）/栏选（F）/圈围（WP）/圈交（CP）/编组（G）/添加（A）/删除（R）/多个（M）/前一个（P）/放弃（U）/自动（AU）/单个（SI）/子对象/对象，这些都是可以采用的选择方法。以下介绍其中的几种常用方法。

1. 多个（M）

在"选择对象"提示下，用户可以直接选择一个对象，或逐个选择多个对象。这时光标为矩形拾取框，将其放在要选择对象的位置时，对象将显示高亮，单击鼠标左键，选中的对象会变为虚线。需要选择的对象均选择完时，按 ENTER 键，完成选择。

2. 指定矩形选择区域

在"选择对象"提示下，直接指定两个对角点来定义矩形区域，区域背景的颜色将更改，变成透明的。根据第一点向对角点拖动光标的方向，确定选择对象的原则。使用这种方法时，第一个点要选在绘图区的空白处。

（1）窗口（W）。

从左向右拖动光标的方式称为"窗口选择"，这时默认的区域背景颜色为半透明的蓝色，矩形边框为实线，如图 11-21（b）所示。这种方式仅选择完全位于矩形区域中的对象。

（2）窗交（C）。

从右向左拖动光标的方式称为"交叉选择"，这时默认的区域背景颜色为半透明的绿色，矩形边框为虚线，如图 11-21（c）所示。这种方法选择矩形窗口包围的或相交的对象。

以上两类选择方式，可以不输入选择项，只要按上述方式直接操作即可，而且在无命令状态下仍然适用。

3. 栏选（F）

在"选择对象"提示下，输入 F，按 ENTER 键，进入选择状态，指定若干点创建经过要选择对象的选择栏，按 ENTER 键完成选择。

选择栏为连续的直线段，与其相交的对象会被选中。栏选不闭合，可以与自身相交。

4. 全部（ALL）

用键盘输入 ALL 并按 ENTER 键，选中图形文件中的所有对象。

5. 删除（R）

用键盘输入 R 并按 ENTER 键，按上述方式选择实体，则在选择集中去除选中的对象。

6. 添加（A）

使用删除（R）选项后，再进入选择对象操作。

7. 放弃（U）

废除上一次选择操作。

11.5.2 修改命令

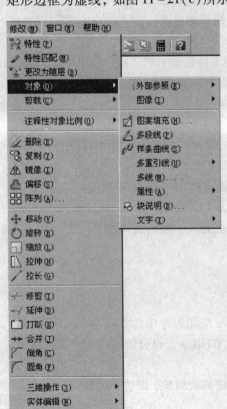

图 11-20 "修改"菜单

图 11-20 为 AutoCAD 的"修改"菜单，可以看出

修改涉及对象的多个方面,主要包括对象的特性和对象的大小、形状和位置等两方面。

"修改"菜单中第 3、4、5 栏中为一般性修改命令,适用于多数图形对象。"对象"子菜单中的命令主要是针对一些复杂对象的专属修改命令。

表 11－2 中所列为 AutoCAD 2008 中"修改"工具栏中的图标按钮、对应的命令及其功能。

下面通过几个常用的修改命令,说明 AutoCAD 修改命令的使用方法及要点。

表 11－2　常用编辑命令的图标及功能

图标	命　　令	功　　能
	删除(ERASE)	删除选择集中的对象
	复制(COPY)	将选择集中的对象复制到指定的位置
	镜像(MIRROR)	对选择集中的对象进行对称(镜像)变换
	偏移(OFFSET)	复制一个与指定对象平行并保持等距的新对象
	阵列(ARRAY)	对选择集中的对象进行有规律的多重复制
	移动(MOVE)	将选择集中的对象移动到指定的新位置
	ROTATE(旋转)	将选择集中的对象绕定点旋转一定角度
	缩放(SCALE)	将选择集中的对象在 X 和 Y 方向上按相同的比例系数放大或缩小
	拉伸(STRETCH) ·	将选中图形的某一部分拉伸、移动和变形,其余部分保持不变
	修剪(TRIM)	用指定的剪切边修剪所选定的对象
	延伸(EXTEND)	使所选对象延伸至指定的边界上
	打断于点(BREAK)	将一个对象打断为两个对象,对象之间没有间隙
	打断(BREAK)	将一个对象打断为两个对象,对象之间具有间隙
	合并(JOIN)	将两个以上相似的对象合并为一个对象
	倒角(CHAMFER)	对直线、多义线、构造线等建立倒角
	圆角(FILLET)	对直线、多义线、构造线等建立倒圆角
	分解(EXPLODE)	将块、尺寸分解为单个实体,使多义线失去宽度

1．删除

删除命令用于删除选中的对象。

【操作实例】　删除图 11－21 中的五边形、三角形和圆。

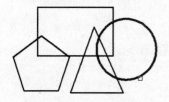
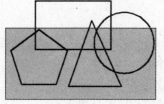
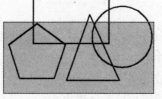
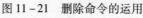

(a) 单独选取圆　　　　　　　(b) 运用窗口选择　　　　　　　(c) 运用窗交选择

图 11－21　删除命令的运用

命令:_erase

选择对象:找到 1 个

选择对象:指定对角点:找到 2 个,总计 3 个

选择对象：指定对角点：找到 4 个（2 个重复），总计 5 个

选择对象：

【说明】

图 11 – 21 中所包含的矩形、五边形和圆是分别用绘制矩形、正多边形和圆的绘图命令绘制而成，三角形是由直线命令绘制而成，故矩形、五边形和圆分别为一个图形对象，而三角形是由三个对象构成。

命令中第一次提示"选择对象"时，采用了图 11 – 21(a)所示的方法，直接拾取圆，按下鼠标左键后出现"找到 1 个"的提示，同时圆显示为被选中。

命令中第二次提示"选择对象"时，采用了图 11 – 1(b)所示的方法，从左向右拖动鼠标，由于五边形、三角形底边完全在矩形窗口内，故提示找到 2 个。

命令中第三次提示"选择对象"时，采用了图 11 – 21(c)所示的方法，从右向左拖动鼠标，这时五边形、三角形两边、圆与矩形窗口相交，故提示找到 4 个。

当需要删除的对象都显示为被选中后，按 ENTER 键或在绘图区单击鼠标右键，选中的对象即被删除。

2. 复制

复制命令用于以指定的方向和距离创建原对象的副本。

默认情况下，复制命令重复创建多个副本。要退出该命令，请按 ENTER 键。

【操作实例】　如图 11 – 22 所示，将图 40 × 20 的矩形左上角的圆，复制到矩形的其它三个顶点上。

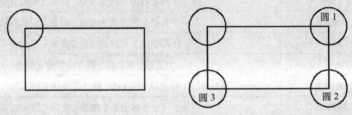

图 11 – 22　复制命令

命令：_copy

选择对象：找到 1 个

选择对象：

当前设置：复制模式 = 多个

指定基点或 [位移(D)/模式(O)] ＜位移＞：＜对象捕捉追踪 开＞

指定第二个点或 ＜使用第一个点作为位移＞：@40,0

指定第二个点或 [退出(E)/放弃(U)] ＜退出＞：

指定第二个点或 [退出(E)/放弃(U)] ＜退出＞：＜正交 开＞ 20

指定第二个点或 [退出(E)/放弃(U)] ＜退出＞：

【说明】

在命令窗口出现"指定基点或 [位移(D)/模式(O)] ＜位移＞："后，打开"对象捕捉"按钮，捕捉到矩形左上角，单击鼠标左键。

在第一次"指定第二个点或……"提示后，输入@40,0，按 ENTER 键，复制出圆 1。

　　在第二次"指定第二个点或……"提示后,捕捉矩形右下角,单击鼠标左键后复制出圆 2。

　　在第三次"指定第二个点或……"提示后,按下"正交"按钮,用鼠标将方向指为垂直向下,输入 20,按 ENTER 键,复制出圆 3。

　　移动命令与复制命令的使用方法相同,不同之处是移动命令不保留原对象。

3. 镜像

镜像用于绕指定轴翻转对象创建对称的镜像图像。

【操作实例】 已知图 11 – 23 左侧的图形,运用镜像命令,生成结果如图 11 – 23 所示的图形。

命令:_mirror

选择对象:找到 3 个

选择对象:

指定镜像线的第一点:

指定镜像线的第二点:＜正交 开＞

要删除源对象吗?［是(Y)/否(N)］＜N＞:

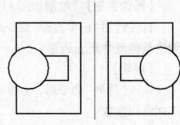

图 11 – 23　镜像

【说明】

　　图 11 – 23 中所示的镜像线,不必真实存在,且其方向可以是任意的,只要在命令行提示后,指定镜像线上两点的位置即可。

　　提示"要删除源对象吗?［是(Y)/否(N)］"表示是否保留原始对象,默认情况是保留原始对象,在提示行直接按 ENTER 键,即形成如图 11 – 23 所示结果。如果需要删除原始对象,则输入 Y 后按 ENTER 键,这时就只有镜像后的图像。

　　默认情况下,镜像文字对象时,不更改文字的方向。

4. 偏移

偏移用于创建与选定对象造型平行的新对象。常用于创建同心圆、平行线和平行曲线,是一个很实用的命令。

【操作实例】 绘制如图 11 – 24 所示图形。

首先根据尺寸绘制出最内一圈闭合的图线,再利用"偏移"命令创建出其他三圈图线。"偏移"命令的执行过程如下:

命令:_offset

当前设置:删除源 = 否 图层 = 源 OFFSETGAP-TYPE = 0

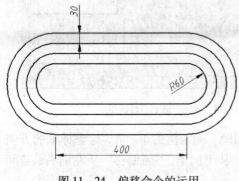

图 11 – 24　偏移命令的运用

指定偏移距离或［通过(T)/删除(E)/图层(L)］＜ ＞:30

选择要偏移的对象,或［退出(E)/放弃(U)］＜退出＞:

指定要偏移的那一侧上的点,或［退出(E)/多个(M)/放弃(U)］＜退出＞:

选择要偏移的对象,或［退出(E)/放弃(U)］＜退出＞:

指定要偏移的那一侧上的点,或［退出(E)/多个(M)/放弃(U)］＜退出＞:

【说明】

　　"偏移"命令与"复制"命令类似,在默认情况下,自动重复,要退出该命令,请按 ENTER

键。图 11 - 24 中，相邻两圈图线的间距都是 30，重复操作三次，就可以创建出图示图形。

"偏移"命令创建的新对象的位置取决于命令执行过程中"指定要偏移的那一侧上的点"这一步，需要向哪一侧偏移，就将光标指向哪一侧。

"偏移"命令每次只能创建一个新对象，如果最内圈图形是采用两条直线和两段半圆弧构成，则需要四次偏移才能创建出新的一圈，如果使用多义线命令一次绘制出一圈图线，则该图形为单一的对象，使用一次偏移即可创建出新的一圈。

5. 阵列 ▦

将选定的对象创建为矩形或环形阵列。如果选择多个对象，则在进行复制和阵列操作过程中，这些对象将被视为一个整体进行处理。

【操作实例】　绘制如图 11 - 26 所示矩形阵列。

首先运用"正多边形"命令绘制图 11 - 26 中左下角的一个正五边形，再利用"阵列"命令创建其他五个正五边形。

【说明】

输入"阵列"命令后，会弹出如图 11 - 27 所示的对话框，其上所示参数为图 11 - 26 矩形阵列所用参数。

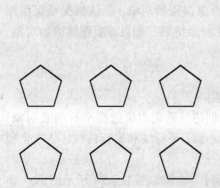

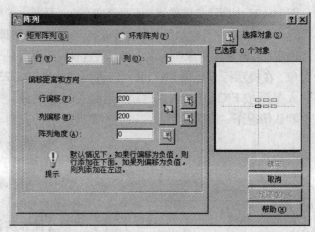

图 11 - 26　矩形阵列　　　　　　图 11 - 27　"阵列"对话框

在"行偏移"和"列偏移"框中，输入行间距和列间距。间距值的正、负，与坐标轴的方向一致，如图 11 - 27 中间距值均为正，则表示"行偏移"从下向上，"列偏移"从左向右；若间距值为负，则方向相反。

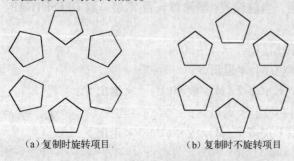

（a）复制时旋转项目　　　　（b）复制时不旋转项目

图 11 - 28　总数为 6 的 360°环形阵列

对于环形阵列，其参数包括对象副本的数目、填充角度或项目间角度，还要决定复制时是否旋转项目，图 11 - 28 所示为环形阵列中是否旋转项目的效果对比。

6. 缩放命令 ▦

缩放命令用于将选定的图形对象在 X 和 Y 方向上按相同的比例系数放大或缩小图形。

【操作实例】 将图 11 - 28 中实线绘制的图形，以指定的基点放大一倍。

命令：_scale

选择对象：找到 3 个

选择对象：

指定基点：

指定比例因子或［复制(C)/参照(R)］＜1.0000＞：2

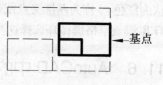

图 11 - 28　"缩放"命令

【说明】

图 11 - 28 中虚线绘制的图形为缩放后的图形。当用户在"指定比例因子"提示行后直接输入一个缩放系数，那么该值便是选定对象相对于基点缩小或放大的倍数；而如果在该提示符后又指定一个点，系统认为用户选择了参照(R)方式，于是将两个点的连线长度与绘图单位的比值作为选定对象的缩放系数。

7. 修剪命令

修剪命令用于通过缩短或拉长，使对象与其他对象的边相接。

如果未指定边界并在"选择对象"提示下按 ENTER 键，则所有显示的对象都将成为可能边界。

【操作实例】 运用"修剪"命令将图 11 - 29(a)所示图形修改为图 11 - 29(b)中所示图形。

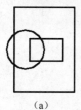
（a）

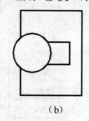
（b）

图 11 - 29　"修剪"命令

命令：_trim

当前设置：投影 = UCS，边 = 无

选择剪切边…

选择对象或 ＜全部选择＞：找到 1 个（选择图 11 - 29(a)中的圆作为剪切边）

选择对象：

选择要修剪的对象，或按住 SHIFT 键选择要延伸的对象，或［栏选(F)/窗交(C)/投影(P)/边(E)/删除(R)/放弃(U)］：（选择图 11 - 29(a)中大矩形在圆内的部分）

选择要修剪的对象，或按住 SHIFT 键选择要延伸的对象，或［栏选(F)/窗交(C)/投影(P)/边(E)/删除(R)/放弃(U)］：（选择图 11 - 29(a)中小矩形在圆内的部分）

选择要修剪的对象，或按住 SHIFT 键选择要延伸的对象，或［栏选(F)/窗交(C)/投影(P)/边(E)/删除(R)/放弃(U)］

【说明】

"延伸"命令与"修剪"命令作用相反，通过拉长，使对象与其他对象的边相接。其操作方法与修剪命令相同，而且根据提示"按住 SHIFT 键选择要延伸的对象"可以看出，在一个命令中可以完成另一个命令的功能。

（a）

（b）

图 11 - 30　"延伸"命令

如图 11 - 30 所示，运用延伸命令，将图 11 - 30(a)中的图形修改为如图 11 - 30(b)所示图形。

8. 使用夹点修改对象

夹点是一些实心的小方框，在无命令状态下，用鼠标拾取对象时，对象关键点上将出现夹点（默认为蓝色），同时图形变为虚线。可以拖动这些夹点快速拉伸、移动、旋转、缩放或镜像对象。

要想使用夹点模式，需要选择某一夹点作为操作基点，单击选定的夹点，这个点会变色(默认为红色)，称为基准夹点或热夹点。这时命令行会显示进入夹点模式的修改选项，可以按 ENTER 键或空格键循环选择这些选项。还可以使用快捷键或单击鼠标右键查看所有模式和选项。

11.6　AutoCAD 中的尺寸标注

AutoCAD 提供了一套完整的尺寸标注命令，通过这些命令可以便捷地标注图形上的各种尺寸。执行标注命令时，AutoCAD 可以自动测量要标注部分的大小，并在尺寸线上标注出测得的尺寸数字。

11.6.1　标注样式的设置

标注样式的设置是在图 11 – 31 所示的标注样式管理器中完成的，可以通过键盘输入 DIMSTYLE 命令或在"标注"菜单中选择"标注样式"，也可以直接单击"标注"控制面板上的"标注样式"按钮 ，打开如图 11 – 31 所示的"标注样式管理器"。

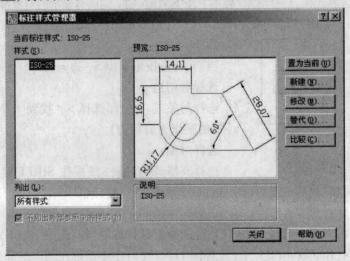

图 11 – 31　标注样式管理器

标注样式管理器可以创建新样式、设置当前样式、修改样式、设置当前样式的替代及比较样式。在"样式"列表中列出图形中所有的标注样式，其中的当前样式被亮显，默认标注样式为标准，如图 11 – 31 中的 ISO – 25。预览中显示"样式"列表中选定样式的图示。

如第 1 章中所介绍的一个完整的尺寸标注包括：尺寸界线、尺寸线、尺寸起止符号、尺寸数字及尺寸单位，因此，只有对每一项的各项参数进行必要的设置，才能使尺寸标注符合国家标准。

标注样式管理器中创建新样式是命名一个新的标注样式，然后对其进行各项设置，修改样式是对已命名的标注样式中的各项设置进行修改，其后续操作基本相同。下面以修改为例说明标注样式中的常用参数设置。

1. 线

在"修改标注样式"对话框中，单击"线"选项卡后，出现如图 11 – 32 所示对话框，可以设置尺寸线、尺寸界线，并将修改效果反映在实时显示区中。

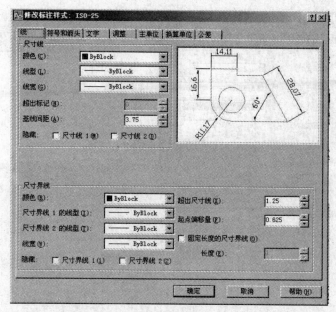

图 11-32　标注样式管理器中"线"选项卡

2. 符号和箭头

在"修改标注样式"对话框中，单击"符号和箭头"选项后，出现如图 11-33 所示对话框，可以设置箭头、圆心标记、弧长符号和折弯半径标注的格式和位置，并有对修改效果的实时显示区。图 11-33 中左侧显示的是箭头列表中提供的箭头样式的选项。

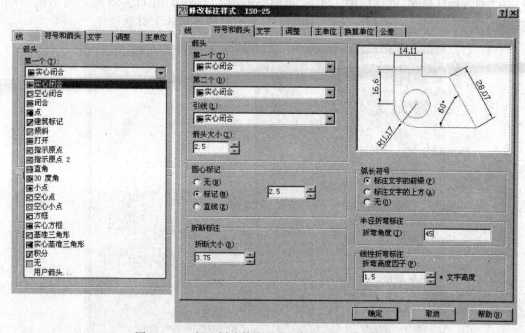

图 11-33　标注样式管理器中"符号和箭头"选项卡

3. 文字

在"修改标注样式"对话框中，单击"文字"选项后，出现如图 11-34 所示对话框，可以设置标注文字的外观、位置和对齐，并有对修改效果的实时显示区。

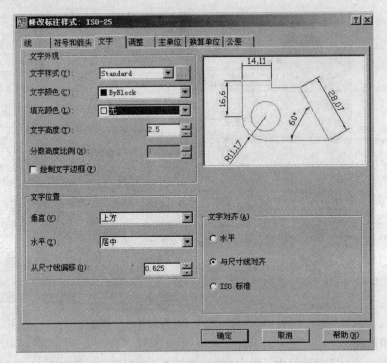

图 11-34　标注样式管理器中"文字"选项卡

4. 调整

在"修改标注样式"对话框中,单击"调整"选项后,出现如图 11-35 所示对话框,可以控制标注文字、箭头、引线和尺寸线的放置,并有对修改效果的实时显示区。

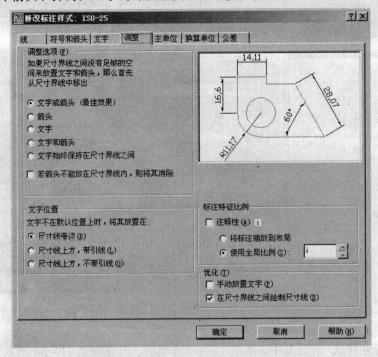

图 11-35　标注样式管理器中"调整"选项卡

5. 主单位

在"修改标注样式"对话框中，单击"主单位"选项后，出现如图 11-36 所示对话框，可设置主标注单位的格式和精度，并设置标注文字的前缀和后缀，并有对修改效果的实时显示区。

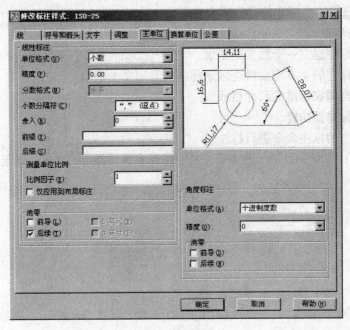

图 11-36　标注样式管理器中"主单位"选项卡

11.6.2　尺寸标注

1. 尺寸命令类型

AutoCAD 有多种尺寸标注命令及一些与尺寸相关的命令，其常用尺寸命令见表 11-3。

表 11-3　常用尺寸标注命令的图标及功能

图　标	命　令	功　能
	线性标注	对选定两点进行水平、垂直或旋转标注
	对齐标注	对选定两点进行平行于两点连线的标注
	弧长标注	对选定圆弧或多段线弧线段进行长度标注
	坐标标注	对选定点引出标注(到原点的距离等)
	半径标注	对圆或圆弧进行半径标注
	半径折弯	对圆或圆弧进行半径标注，其半径采用折弯的形式
	直径标注	对圆或圆弧进行直径标注
	角度标注	对两直线间、圆、圆弧进行角度标注
	快速标注	对选定的图形进行一组基线标注或连续标注
	基线标注	标注具有共同基线的多个尺寸
	连续标注	连续标注多个尺寸

标注尺寸时，输入标注命令后，根据提示要求选定标注对象，屏幕上就显示出系统测量出的数据，同时提示(Mtext/Text/Angle…)，其中 M 表示利用"Multiline Text Editor"对话框设置新的文本；T 表示利用命令行设置新的文本；A 表示改变文本的角度，如果不准备对文本进行修改，则可直接选定标注位置完成本次标注。

2. 尺寸标注步骤

（1）为尺寸标注建立一个独立的图层。

（2）为尺寸标注的文本定义符合国家标准的专用文本类型。

（3）设置符合国家标准的尺寸格式。

（4）打开目标捕捉功能。

（5）选择适当的标注命令进行标注。

本章只介绍了 AutoCAD 的一些基本功能，还有多种功能没有涉及，仅起了一个引导入门的作用。

参 考 文 献

[1] 丁宇明，黄水生．土建工程制图．北京：高等教育出版社，2007.
[2] 宋兆全．画法几何及工程制图．北京：中国铁道出版社，2000.
[3] 巩永龄，魏福平．画法几何及工程制图．北京：中国铁道出版社，1993.
[4] 王颖．现代工程制图．北京：北京航空航天大学出版社，2000.
[5] 北京邮电大学工程画教研室编．工程制图与计算机绘图基础．北京：人民邮电出版社，1999.
[6] 石焕增．工程制图．北京：北京理工大学出版社，1999.
[7] 许永年．工程制图．北京：中央广播电视大学出版社，1999.
[8] 宋兆全．土木工程制图．武汉：武汉大学出版社，2000.

参考文献

[1]
[2]
[3]
[4]
[5]
[6]
[7]
[8]